The Power of Geothermal Energy: A Student's Introduction to Renewable Resources

భూగర్భ వేడి శక్తి యొక్క శక్తి: పునరుత్పాతక ఇంధన వనరులకు విద్యార్థి పరిచయం

Lakshminarayana

Copyright © [2023]

Title: The Power of Geothermal Energy: A Student's Introduction to Renewable Resources
Author's: Lakshminarayana

This book was printed and published by [Publisher's: **Lakshminarayana**] in [2023]

ISBN:

TABLE OF CONTENT

విషయ సూచిక

అధ్యాయం 1`: భూమి లోపల దాగి ఉన్న శక్తి:

అధ్యాయం 2: ఆవిరి నుండి విద్యుత్ వరకు: ఉష్ణాన్ని ఉపయోగించుకోవడం:

అధ్యాయం 3: భూ ఉష్ణ శక్తి యొక్క పచ్చదనం ప్రయోజనం:

- 3.1: పునరుత్పాత మరియు భూమి-స్నేహపూర్వక: శిలాజ ఇంధనాలతో పోలిక, కనీస CO2 ఉద్గారాలు, వనరుల దీర్ఘకాలికత.

- 3.2: నమ్మకమైన & నిరంతర విద్యుత్: బేస్లోడ్ విద్యుత్ వనరు, గాలి లేదా సౌరశక్తి వలే కాకుండా 24/7 ఉత్పత్తి.

- 3.3: పర్యావరణ ప్రభావాన్ని తగ్గించడం: భూమి పాదముద్ర, నీటి వినియోగం, శబ్దం మరియు కాలుష్యం నివారణ.

- 3.4: స్థానిక కమ్యూనిటీలకు మద్దతు: ఉద్యోగ సృష్టి, ఆర్థిక అభివృద్ధి, గ్రామీణ విద్యుదీకరణ.

అధ్యాయం 4 : సవాళ్లు & పరిగణనలు:

- 4.1: భూ ఉష్ణాన్ని బాధ్యతారాహ్యంగా అన్వేషించడం: స్థిరత్వ ఆందోళనలు, పర్యావరణ ప్రభావాన్ని తగ్గించడం, కమ్యూనిటీ భాగస్వామ్యం.

- 4.2: ఖర్చు ఫ్యాక్టర్: ప్రారంభ మౌలిక సదుపాయాల పెట్టుబడి, నిర్వహణ ఖర్చులతో పోలిక, ఆర్థిక సాధ్యత.

- 4.3: భూకంప కార్యకలాపాలు & భద్రతా ఆందోళనలు: సంభావ్య ప్రమాదాలను ఎదుర్కోవడం, పర్యవేక్షణ వ్యవస్థలు, ప్రజా విద్య.

- 4.4: విధానం & సాంకేతిక అడ్డంకులు: పెట్టుబడులను ప్రోత్సహించడం, పరిశోధన & అభివృద్ధి, నియంత్రణ అడ్డంకులను అధిగమించడం.

అధ్యాయం 5: భూ ఉష్ణ అన్వేషణ చర్యలో:

- 5.1: విజయవంతమైన ప్రాజెక్టుల కేసు స్టడీలు: ఐస్ల్యాండ్, న్యూజిలాండ్, ఫిలిప్పీన్స్, ప్రపంచవ్యాప్తంగా భూ ఉష్ణ విజయ కథనాలు.

- 5.2: విద్యార్థి చొరవలు & పౌరుష సైన్స్: పరిశోధనలో యువతను నిమగ్నం చేయడం, భూ ఉష్ణ విద్య కార్యక్రమాలు, పౌరుష సైన్స్ భాగస్వామ్యం.

- 5.3: భూ ఉష్ణ శక్తి యొక్క భవిష్యత్తు: భవిష్యత్తును రూపొందించే ఆవిష్కరణలు, ఉపయోగించని సామర్థ్యం, వాతావరణ మార్పును ఎదుర్కోవడంలో పాత్ర.

- 5.4: మీరు భూ ఉష్ణ న్యాయవాది కావచ్చు: విద్యార్థుల కోసం చర్య దశలు, భూ ఉష్ణ శక్తికి మద్దతు, కమ్యూనిటీ ప్రాజెక్టులు.

అధ్యాయం 6 : భూ ఉష్ణ & పునరుత్పాత ఇంధన మిశ్రమం:

- 6.1: ఇంధన పోర్ట్‌ఫోలియోను వైవిధ్యపరచడం: స్థిరమైన ఇంధన భవిష్యత్తులో భూ ఉష్ణ పాత్ర, ఇతర పునరుత్పాతాలను పూరించడం.

- 6.2: గ్రిడ్ ఇంటిగ్రేషన్ & స్మార్ట్ సిస్టమ్స్: భూ ఉష్ణాన్ని ఇప్పటి గ్రిడ్ లతో సమ్మేళనం చేయడంలో సవాళ్లు, శక్తి నిల్వ ఉపాయాలు.

- 6.3: నెట్-జీరో ఉధ్ధారాలకు రోడ్‌మ్యాప్: కార్బన్‌రహిత లక్ష్యాలకు భూ ఉష్ణ యోగదానం, శుభ్రమైన ఇంధన భవిష్యత్తుకు మార్గం.

- 6.4: స్థిరమైన భవిష్యత్తు కోసం గ్లోబల్ ప్రయత్నం: అంతర్జాతీయ సహకారం, జ్ఞానం భాగస్వామ్యం, గ్లోబల్‌గా భూ ఉష్ణాన్ని పెంచడం.

అధ్యాయం 7 : DIY భూ ఉష్ణ ప్రయోగాలు & కార్యకలాపాలు:

* 7.1: భూ ఉష్ణ శక్తిని అనుకరించడం: భూ ఉష్ణ విద్యుత్ కేంద్రాల యొక్క సాధారణ నమూనాలను నిర్మించడం, విద్యార్థుల కోసం చేతిపనులు కార్యకలాపాలు.

* 7.2: మీ స్థానిక భూ ఉష్ణ సామర్థ్యాన్ని అన్వేషించడం: స్థానిక వనరులను పరిశోధించడం, భూ ఉష్ణ ప్రదేశాలను సందర్శించడం, ప్రాంతీయ సామర్థ్యాన్ని అర్థం చేసుకోవడం.

* 7.3: భూ ఉష్ణ కళ & రూపకల్పన: సృజనాత్మక ప్రాజెక్టుల ద్వారా భూ ఉష్ణ శక్తి యొక్క శక్తిని ప్రదర్శించడం, కళ ద్వారా అవగాహన పెంపొందించడం.

* 7.4: భూ ఉష్ణ కమ్యూనిటీలు & చర్య: స్థానిక భాగస్వాములతో కనెక్ట్ అవ్వడం, న్యాయవాదిత్వ ప్రాజెక్టులలో పాల్గొనడం, భూ ఉష్ణ పరిష్కారాలను ప్రోత్సహించడం.

అధ్యాయం 8: భవిష్యత్తు భూ ఉష్ణం: విద్యార్థుల పిలుపు:

* 8.1: ఇంధన భవిష్యత్తును రూపొందించడంలో మీ పాత్ర: విద్యార్థులు మార్పు కారకులుగా, శుభ్రమైన ఇంధన విధానాలకు మద్దతు ఇవ్వడం, భూ ఉష్ణ కార్యక్రమాలకు మద్దతు ఇవ్వడం.

* 8.2: భూ ఉష్ణ వృత్తులు & అవకాశాలు: భూ ఉష్ణ పరిశోధన, ఇంజనీరింగ్, విధానం మరియు విద్యలో వృత్తులను అన్వేషించడం.

* 8.3: భూ ఉష్ణ విద్య & అవగాహన: భూ ఉష్ణ శక్తి గురించి జ్ఞానాన్ని వ్యాప్తి చేయడం, స్థిరమైన ఇంధన భవిష్యత్తును నిర్మించడం.

* 8.4: రేపటి భూ ఉష్ణ దృష్టి: శుభ్రమైన, పునరుత్పాత ఇంధనంతో నడిచే ప్రపంచాన్ని ఊహించడం, మరియు ఆ భవిష్యత్తులో భూ ఉష్ణ పాత్ర.

Chapter 1: Unveiling the Earth's Hidden Power

అధ్యాయం 1`: భూమి లోపల దాగి ఉన్న శక్తి

భూమి యొక్క అంతర్గత కొలిమి: భూ ఉష్ణ పెరుగుదల, భూమి పొరలు, రేడియోధార్మిక క్షయం వల్ల వేడి పుట్టుక

భూమి యొక్క అంతర్గత కొలిమి

భూమి యొక్క అంతర్గత కొలిమి అనేది భూమి యొక్క కేంద్రం నుండి వచ్చే వేడి మరియు శక్తి. ఈ వేడి మరియు శక్తి భూమి యొక్క ఉపరితలంపై జీవితాన్ని మరియు వాతావరణాన్ని సాధ్యం చేస్తుంది.

భూ ఉష్ణ పెరుగుదల

భూమి యొక్క అంతర్గత కొలిమి భూమి యొక్క ఉపరితలంపై ఉష్ణోగ్రతను నిర్వహించడంలో ముఖ్యమైన పాత్ర పోషిస్తుంది. భూమి యొక్క అంతర్గత కొలిమి నుండి వచ్చే వేడి భూమి యొక్క ఉపరితలంపైకి వ్యాపిస్తుంది మరియు భూమి యొక్క ఉపరితలంపై ఉష్ణోగ్రతను నిర్వహించడంలో సహాయపడుతుంది.

భూమి పొరలు

భూమిని నాలుగు పొరలుగా విభజించవచ్చు: క్రస్ట్, మెంటల్, కోర్.

- క్రస్ట్: భూమి యొక్క అత్యంత బాహ్య పొర. ఇది భూమి యొక్క మొత్తం వ్యాసంలో కేవలం 1% మాత్రమే ఉంటుంది. క్రస్ట్ యొక్క మందం సముద్రపు దిగువన 5 కిలోమీటర్ల నుండి భూమధ్యరేఖ వద్ద 70 కిలోమీటర్ల వరకు ఉంటుంది.

- మెంటల్: భూమి యొక్క రెండవ పొర. ఇది భూమి యొక్క మొత్తం వ్యాసంలో 83% మాత్రమే ఉంటుంది. మెంటల్ యొక్క మందం 2,900 కిలోమీటర్ల నుండి 5,200 కిలోమీటర్ల వరకు ఉంటుంది.

- కోర్: భూమి యొక్క అంతర్గత పొర. ఇది భూమి యొక్క మొత్తం వ్యాసంలో 16% మాత్రమే ఉంటుంది. కోర్ యొక్క మందం 2,900 కిలోమీటర్ల నుండి 6,371 కిలోమీటర్ల వరకు ఉంటుంది.

రేడియోధార్మిక క్షయం వల్ల వేడి పుట్టుక

భూమి యొక్క అంతర్గత కొలిమి యొక్క ప్రధాన మూలం రేడియోధార్మిక క్షయం. రేడియోధార్మిక క్షయం అనేది అస్థిరమైన పరమాణువులు స్థిరమైన పరమాణువులుగా మారే ప్రక్రియ. ఈ ప్రక్రియలో, కొన్ని పరమాణువులు శక్తిని విడుదల చేస్తాయి.

లోతట్టు ఉష్ణ కేంద్రానికి ప్రయాణం: వివిధ రకాల భూ ఉష్ణ వనరులు - హైడ్రోథర్మల్, హాట్ రాక్, గేజర్లు

లోతట్టు ఉష్ణ కేంద్రం

భూమి యొక్క కేంద్రం నుండి వచ్చే వేడి మరియు శక్తిని లోతట్టు ఉష్ణ కేంద్రం అంటారు. ఈ వేడి మరియు శక్తి భూమి యొక్క ఉపరితలంపై జీవితాన్ని మరియు వాతావరణాన్ని సాధ్యం చేస్తుంది.

వివిధ రకాల భూ ఉష్ణ వనరులు

లోతట్టు ఉష్ణ కేంద్రం నుండి వచ్చే వేడి మరియు శక్తి భూమి ఉపరితలానికి చేరుకునే అనేక మార్గాలు ఉన్నాయి. ఈ మార్గాలలో కొన్ని:

- హైడ్రోథర్మల్ వనరులు: భూగర్భంలోని నీరు లోతట్టు ఉష్ణ కేంద్రం నుండి వచ్చే వేడితో వేడి చేయబడుతుంది. ఈ వేడి నీరు బాష్పీభవించి, భూగర్భంలోని రాళ్ల ద్వారా పైకి ప్రవహిస్తుంది. ఈ ప్రవాహం హైడ్రోథర్మల్ వనరుగా పిలువబడుతుంది. హైడ్రోథర్మల్ వనరులను విద్యుత్ ఉత్పత్తి, వేడిని ఉత్పత్తి చేయడం మరియు స్నానం కోసం ఉపయోగిస్తారు.

- హాట్ రాక్ వనరులు: భూగర్భంలోని రాళ్లు లోతట్టు ఉష్ణ కేంద్రం నుండి వచ్చే వేడితో వేడి చేయబడతాయి. ఈ వేడి రాళ్లను మృదువుగా చేస్తుంది మరియు అవి పైకి లేదా పక్కకు కదిలే అవకాశం ఉంది. ఈ కదలిక హాట్ రాక్ వనరుగా పిలువబడుతుంది. హాట్ రాక్ వనరులను విద్యుత్ ఉత్పత్తి మరియు స్నానం కోసం ఉపయోగిస్తారు.

- గేజర్లు: భూగర్భంలోని నీరు లోతట్టు ఉష్ణ కేంద్రం నుండి వచ్చే వేడితో వేడి చేయబడుతుంది మరియు బాష్పీభవిస్తుంది. ఈ బాష్పం భూమి యొక్క ఉపరితలంపైకి ప్రవహిస్తుంది మరియు గేజర్‌గా పిలువబడే స్ప్రింగ్‌గా బయటకు వస్తుంది. గేజర్లు చాలా వేడిగా ఉంటాయి మరియు వాటిలో సల్ఫర్, మెగ్నీషియం మరియు ఇతర ఖనిజాలు ఉండవచ్చు. గేజర్లను స్నానం కోసం మరియు స్పా చికిత్సల కోసం ఉపయోగిస్తారు.

హైడ్రోథర్మల్ వనరులు

హైడ్రోథర్మల్ వనరులు భూమి యొక్క అత్యంత ముఖ్యమైన భూ ఉష్ణ వనరులలో ఒకటి. ఈ వనరులు విద్యుత్ ఉత్పత్తి, వేడిని ఉత్పత్తి చేయడం మరియు స్నానం కోసం ఉపయోగించబడతాయి.

ఉష్ణ ఖజానాను ఉపయోగించుకోవడం: అన్వేషణ పద్ధతులు, డ్రిల్లింగ్ పద్ధతులు, వివిధ వనరులను యాక్సెస్ చేయడం

అన్వేషణ పద్ధతులు

భూ ఉష్ణ వనరులను అన్వేషించడానికి అనేక పద్ధతులు ఉన్నాయి. ఈ పద్ధతులలో కొన్ని:

- భూమి యొక్క ఉపరితలంపై పరిశోధన: భూమి యొక్క ఉపరితలంపై ఖనిజాలను సేకరించడం మరియు పరిశోధించడం ద్వారా భూ ఉష్ణ వనరులను అన్వేషించవచ్చు.

- భూగర్భ పరిశోధన: భూగర్భంలోని ఉష్ణోగ్రత, ఒత్తిడి మరియు భూకంప కార్యకలాపాలను అధ్యయనం చేయడం ద్వారా భూ ఉష్ణ వనరులను అన్వేషించవచ్చు.

- రేడియోధార్మిక పటాలను ఉపయోగించడం: భూమి యొక్క కేంద్రం నుండి వచ్చే రేడియోధార్మిక శక్తిని కొలవడం ద్వారా భూ ఉష్ణ వనరులను అన్వేషించవచ్చు.

డ్రిల్లింగ్ పద్ధతులు

భూ ఉష్ణ వనరులను యాక్సెస్ చేయడానికి డ్రిల్లింగ్ అవసరం. భూ ఉష్ణ వనరులను డ్రిల్లింగ్ చేయడానికి అనేక పద్ధతులు ఉన్నాయి. ఈ పద్ధతులలో కొన్ని:

- డ్రిల్లింగ్ బోర్‌హోల్స్: భూమి యొక్క ఉపరితలం నుండి భూగర్భంలోకి డ్రిల్లింగ్ చేసి, భూ ఉష్ణ వనరులను చేరుకోవడానికి ఈ బోర్‌హోల్‌లను ఉపయోగిస్తారు.

- హాట్ డ్రిల్లింగ్: భూగర్భంలోని వేడి నీటిని ఉపయోగించి భూమి యొక్క ఉపరితలం నుండి భూగర్భంలోకి డ్రిల్లింగ్ చేయడానికి ఈ పద్ధతిని ఉపయోగిస్తారు.

- ఫ్రాక్చరింగ్: భూగర్భంలోని రాళ్లను విచ్చిన్నం చేయడానికి ఒత్తిడి మరియు ద్రవాలను ఉపయోగించి భూ ఉష్ణ వనరులకు యాక్సెస్ చేయడానికి ఈ పద్ధతిని ఉపయోగిస్తారు.

వివిధ వనరులను యాక్సెస్ చేయడం

భూ ఉష్ణ వనరులను అనేక విభిన్న వనరులను ఉత్పత్తి చేయడానికి ఉపయోగించవచ్చు. ఈ వనరులలో కొన్ని:

- విద్యుత్: భూ ఉష్ణ వనరులను ఉపయోగించి విద్యుత్ ఉత్పత్తి చేయవచ్చు. ఈ ప్రక్రియను భూ ఉష్ణ విద్యుత్ (Geothermal Power) అంటారు.

- వేడి: భూ ఉష్ణ వనరులను ఉపయోగించి ఇళ్లను, భవనాలను మరియు వ్యవసాయ భూములను వేడి చేయవచ్చు.

గ్లోబల్ ఉష్ణ పటం: భూ ఉష్ణ సామర్థ్యం, ప్రపంచవ్యాప్తంగా ఉన్న హాట్ స్పాట్లు

భూ ఉష్ణ వనరులు భూమి యొక్క అంతర్గత ఉష్ణాన్ని ఉపయోగించే శక్తి వనరులు. ఈ వనరులు విద్యుత్ ఉత్పత్తి, వేడిని ఉత్పత్తి చేయడం మరియు స్నానం కోసం ఉపయోగించబడతాయి.

భూ ఉష్ణ సామర్థ్యం

భూమి యొక్క అంతర్గత ఉష్ణం భారీగా ఉంది. అంచనా ప్రకారం, భూమి యొక్క అంతర్గత ఉష్ణం భూమి యొక్క పొరలను కరిగించడానికి మరియు భూకంపాలను కలిగించడానికి సరిపోయేంత శక్తిని కలిగి ఉంది.

భూ ఉష్ణ సామర్థ్యం భూమి యొక్క ఉపరితలంపై భౌగోళిక పరిస్థితులపై ఆధారపడి ఉంటుంది. భూమి యొక్క ఉపరితలం దగ్గర ఉన్న భూ ఉష్ణ వనరులు సాధారణంగా భూమి యొక్క కేంద్రానికి దూరంగా ఉన్న భూ ఉష్ణ వనరుల కంటే ఎక్కువ సామర్థ్యాన్ని కలిగి ఉంటాయి.

ప్రపంచవ్యాప్తంగా ఉన్న హాట్ స్పాట్లు

ప్రపంచవ్యాప్తంగా అనేక హాట్ స్పాట్లు ఉన్నాయి, అక్కడ భూ ఉష్ణ వనరులు భూమి యొక్క ఉపరితలానికి దగ్గరగా ఉంటాయి. ఈ హాట్ స్పాట్లు సాధారణంగా భూకంప కార్యకలాపాలు మరియు భూతల భౌగోళిక పరిస్థితుల ద్వారా గుర్తించబడతాయి.

ప్రపంచంలోని కొన్ని ప్రముఖ హాట్ స్పాట్లు:

- ఐస్లాండ్: ఐస్లాండ్ ఒక శక్తివంతమైన హాట్ స్పాట్, ఇక్కడ అనేక భూ ఉష్ణ విద్యుత్ కేంద్రాలు ఉన్నాయి.

- కలిఫోర్నియా: కలిఫోర్నియాలో అనేక హాట్ స్పాట్లు ఉన్నాయి, ఇక్కడ అనేక స్పా మరియు గేజర్లు ఉన్నాయి.

- ఇటలీ: ఇటలీలో అనేక హాట్ స్పాట్లు ఉన్నాయి, ఇక్కడ అనేక స్పా మరియు గేజర్లు ఉన్నాయి.

భూ ఉష్ణ వనరులు శక్తిని ఉత్పత్తి చేయడానికి మరియు ఇళ్ళను, భవనాలను మరియు వ్యవసాయ భూములను వేడి చేయడానికి ఒక శక్తివంతమైన మరియు సుస్థిరమైన మార్గం.

Chapter 2: From Steam to Electricity: Harnessing the Heat

అధ్యాయం 2: ఆవిరి నుండి విద్యుత్ వరకు: ఉష్ణాన్ని ఉపయోగించుకోవడం

భూ ఉష్ణ విద్యుత్ కేంద్రం

భూ ఉష్ణ విద్యుత్ కేంద్రం అనేది భూమి యొక్క అంతర్గత ఉష్ణాన్ని ఉపయోగించి విద్యుత్ ఉత్పత్తి చేసే ఒక రకమైన విద్యుత్ కేంద్రం. భూ ఉష్ణం భూమి యొక్క ఉపరితలం నుండి భూగర్భంలోని వేడి నీటిని లేదా హాట్ రాక్‌లను ఉపయోగించి లాగబడుతుంది. ఈ వేడి నీటిని లేదా హాట్ రాక్‌లను ఉపయోగించి ఆవిరి ఉత్పత్తి చేయబడుతుంది, ఆవిరి ఆ తర్వాత టర్బైన్‌లను తిప్పడానికి ఉపయోగించబడుతుంది, ఇవి విద్యుత్తును ఉత్పత్తి చేస్తాయి.

భూ ఉష్ణ విద్యుత్ కేంద్రాల రకాలు

భూ ఉష్ణ విద్యుత్ కేంద్రాలను వాటిలో ఉపయోగించే భూ ఉష్ణ వనరుల రకం ఆధారంగా మూడు రకాలుగా విభజించవచ్చు:

- ఫ్లాష్ ఆవిరి కేంద్రాలు: ఈ కేంద్రాలు భూగర్భంలోని వేడి నీటిని ఉపయోగిస్తాయి. భూగర్భంలోని వేడి నీరు భూమి యొక్క ఉపరితలం వద్దకు డ్రిల్ చేయబడుతుంది మరియు ఆవిరిగా మారుతుంది. ఈ ఆవిరి ఆ తర్వాత టర్బైన్‌లను తిప్పడానికి ఉపయోగించబడుతుంది.

- ద్వంద్వ చక్రం కేంద్రాలు: ఈ కేంద్రాలు భూగర్భంలోని వేడి నీటిని మరియు హాట్ రాక్‌లను ఉపయోగిస్తాయి. భూగర్భంలోని వేడి నీరు ఆవిరిగా మారడానికి ఉపయోగించబడుతుంది. ఈ ఆవిరి మొదటి చక్రం టర్బైన్ లను తిప్పడానికి ఉపయోగించబడుతుంది. ఆవిరి చల్లబడిన తర్వాత, ఇది రెండవ చక్రం టర్బైన్‌లను తిప్పడానికి ఉపయోగించబడుతుంది.

- పెంచిన భూ ఉష్ణ వ్యవస్థలు (EGS): ఈ వ్యవస్థలు భూగర్భంలోని రాళ్ళను వేడి చేయడానికి ఒక రకమైన భూ ఉష్ణ శక్తిని ఉపయోగిస్తాయి. భూగర్భంలోని రాళ్ళను వేడి చేయడానికి భూ ఉష్ణం, సూర్యరశ్మి లేదా ఇతర శక్తి వనరులను ఉపయోగించవచ్చు. వేడి చేయబడిన రాళ్ళు ఆవిరిగా మారడానికి ఉపయోగించబడతాయి. ఈ ఆవిరి టర్బైన్‌లను తిప్పడానికి ఉపయోగించబడుతుంది.

టర్బైన్లను తిప్పి విద్యుత్ ఉత్పత్తి చేయడం

టర్బైన్ అనేది ఒక యంత్రం, ఇది ద్రవం లేదా వాయువు యొక్క ఒత్తిడి లేదా వేగం ద్వారా తిప్పబడుతుంది. టర్బైన్లు విద్యుత్ ఉత్పత్తి, మోటార్లు మరియు ఇతర అనేక పనులకు ఉపయోగించబడతాయి.

ఆవిరి ఎలా టర్బైన్లను నడిపిస్తుంది

ఆవిరి టర్బైన్లను తిప్పడానికి ఉపయోగించే ఒక రకమైన ద్రవం. ఆవిరి ఒక శక్తివంతమైన వ్యవస్థ, ఇది టర్బైన్లను తిప్పడానికి అవసరమైన పెద్ద మొత్తంలో శక్తిని అందిస్తుంది.

ఆవిరి టర్బైన్లను నడిపించడానికి రెండు విధాలు ఉన్నాయి:

- సాధారణ ప్రవాహ: ఈ విధానంలో, ఆవిరి టర్బైన్లోకి ప్రవేశిస్తుంది మరియు టర్బైన్ యొక్క బ్లేడ్లపై పడిపోతుంది. ఆవిరి యొక్క ఒత్తిడి మరియు వేగం టర్బైన్ను తిప్పడానికి ఉపయోగించబడుతుంది.

- ప్రతిస్పందన ప్రవాహ: ఈ విధానంలో, ఆవిరి టర్బైన్లోకి ప్రవేశిస్తుంది మరియు టర్బైన్ యొక్క బ్లేడ్లను దాటి వెళుతుంది. ఆవిరి యొక్క ఒత్తిడి మరియు వేగం టర్బైన్ను తిప్పడానికి ఉపయోగించబడుతుంది.

విద్యుత్ ఉత్పత్తి ప్రక్రియ

ఆవిరి టర్బైన్లను ఉపయోగించి విద్యుత్ ఉత్పత్తి చేయడానికి, మొదట ఆవిరిని ఉత్పత్తి చేయాలి. భూ ఉష్ణ విద్యుత్ కేంద్రాలలో, ఆవిరి భూగర్భంలోని వేడి నీటి లేదా హాట్ రాక్లను ఉపయోగించి ఉత్పత్తి చేయబడుతుంది.

ఆవిరి ఉత్పత్తి అయిన తర్వాత, ఇది టర్బైన్‌లోకి ప్రవేశిస్తుంది. టర్బైన్ తిరిగినప్పుడు, ఇది జనరేటర్‌ను కనెక్ట్ చేయబడిన షాఫ్ట్‌ను తిప్పుతుంది. జనరేటర్ విద్యుత్తును ఉత్పత్తి చేయడానికి ఈ షాఫ్ట్ యొక్క తిరుగుదలను ఉపయోగిస్తుంది.

విద్యుత్తు ఉత్పత్తి అయిన తర్వాత, ఇది విద్యుత్ గ్రిడ్‌లోకి పంపబడుతుంది. విద్యుత్ గ్రిడ్ అనేది విద్యుత్తును వినియోగదారులకు పంపిణీ చేయడానికి ఉపయోగించే ఒక విస్తృత నెట్‌వర్క్.

టర్బైన్లను తిప్పడానికి ఆవిరిని ఉపయోగించడం ద్వారా విద్యుత్ ఉత్పత్తి అనేది ఒక శక్తివంతమైన మరియు సమర్థవంతమైన పద్ధతి. ఈ పద్ధతి స్వచ్చమైన శక్తిని ఉత్పత్తి చేస్తుంది మరియు గాలి లేదా నీటి కాలుష్యాన్ని కలిగించదు.

విద్యుత్‌కు మించి: భూ ఉష్ణ శక్తి యొక్క ప్రత్యక్ష ఉపయోగాలు - స్థల ఉష్ణీకరణ, గ్రీన్‌హౌస్‌లు, జలకృషి

భూ ఉష్ణ శక్తి అనేది భూమి యొక్క అంతర్గత ఉష్ణాన్ని ఉపయోగించే ఒక రకమైన శక్తి వనరు. భూ ఉష్ణ శక్తిని విద్యుత్ ఉత్పత్తి, స్థల ఉష్ణీకరణ, గ్రీన్‌హౌస్‌లు మరియు జలకృషి వంటి అనేక విభిన్న ప్రయోజనాల కోసం ఉపయోగించవచ్చు.

స్థల ఉష్ణీకరణ

భూ ఉష్ణ శక్తిని స్థల ఉష్ణీకరణ కోసం ఉపయోగించడం అనేది ఒక శక్తివంతమైన మరియు సమర్థవంతమైన మార్గం. భూ ఉష్ణ శక్తిని ఉపయోగించి భవనాలను వేడి చేయడానికి, భూగర్భంలోని వేడి నీటిని లేదా హాట్ రాక్‌లను ఉపయోగించవచ్చు.

భూ ఉష్ణ శక్తిని ఉపయోగించి స్థల ఉష్ణీకరణ అనేక ప్రయోజనాలను కలిగి ఉంటుంది. ఇది:

- శుభ్రమైన మరియు సుస్థిరమైన శక్తి వనరు.
- భూమి యొక్క ఉపరితలం నుండి వేడిని తీసివేయడం ద్వారా వాతావరణాన్ని చల్లబరుస్తుంది.
- భవనాల యొక్క శక్తి ఖర్చును తగ్గిస్తుంది.

గ్రీన్‌హౌస్‌లు

భూ ఉష్ణ శక్తిని గ్రీన్‌హౌస్‌లను వేడి చేయడానికి ఉపయోగించవచ్చు. భూ ఉష్ణ శక్తిని ఉపయోగించి గ్రీన్‌హౌస్

లను వేడి చేయడం అనేక ప్రయోజనాలను కలిగి ఉంటుంది. ఇది:

- శుభ్రమైన మరియు సుస్థిరమైన శక్తి వనరు.
- గ్రీన్‌హౌస్‌ల యొక్క శక్తి ఖర్చును తగ్గిస్తుంది.
- పంట ఉత్పత్తిని పెంచుతుంది.

జలకృషి

భూ ఉష్ణ శక్తిని జలకృషి కోసం ఉపయోగించవచ్చు. భూ ఉష్ణ శక్తిని ఉపయోగించి జలకృషి అనేక ప్రయోజనాలను కలిగి ఉంటుంది. ఇది:

- శుభ్రమైన మరియు సుస్థిరమైన శక్తి వనరు.
- జలకృషి యొక్క శక్తి ఖర్చును తగ్గిస్తుంది.
- పంట ఉత్పత్తిని పెంచుతుంది.

ఆవిష్కరణలు & భవిష్యత్తు పరిష్కారాలు: పెంచిన భూ ఉష్ణ వ్యవస్థలు వంటి అధునాతన టెక్నాలజీలు, వనరుల వాడకం యొక్క స్థిరత్వం

భూ ఉష్ణ శక్తి అనేది భూమి యొక్క అంతర్గత ఉష్ణాన్ని ఉపయోగించే ఒక శక్తి వనరు. ఇది శుభ్రమైన మరియు సుస్థిరమైన శక్తి వనరు, ఇది గాలి లేదా నీటి కాలుష్యాన్ని కలిగించదు.

భూ ఉష్ణ శక్తిని ఉపయోగించే అనేక విభిన్న పద్ధతులు ఉన్నాయి. ఒక సాధారణ పద్ధతి భూగర్భంలోని వేడి నీటిని ఉపయోగించడం. ఈ నీటిని భూమి యొక్క ఉపరితలం వద్దకు డ్రిల్ చేయబడుతుంది మరియు ఆవిరిగా మారడానికి ఉపయోగించబడుతుంది. ఈ ఆవిరి టర్బైన్లను తిప్పడానికి ఉపయోగించబడుతుంది, ఇవి విద్యుత్తును ఉత్పత్తి చేస్తాయి.

భూ ఉష్ణ శక్తిని ఉపయోగించడానికి మరొక పద్ధతి భూగర్భంలోని రాళ్ళను ఉపయోగించడం. ఈ రాళ్ళను వేడి చేయడానికి సూర్యరశ్మి, భూ ఉష్ణం లేదా ఇతర శక్తి వనరులను ఉపయోగించవచ్చు. వేడి చేయబడిన రాళ్ళను ఆవిరి ఉత్పత్తి చేయడానికి ఉపయోగించవచ్చు.

భూ ఉష్ణ శక్తిని ఉపయోగించే అధునాతన టెక్నాలజీలు కూడా అభివృద్ధి చేయబడుతున్నాయి. ఒక ఉదాహరణ పెంచిన భూ ఉష్ణ వ్యవస్థలు (EGS). ఈ వ్యవస్థలు భూగర్భంలోని రాళ్ళను వేడి చేయడానికి భూ ఉష్ణం మరియు ఇతర శక్తి వనరులను ఉపయోగిస్తాయి. వేడి చేయబడిన రాళ్ళను ఆవిరి ఉత్పత్తి చేయడానికి లేదా భవనాలను వేడి చేయడానికి ఉపయోగించవచ్చు.

పెంచిన భూ ఉష్ణ వ్యవస్థలు అనేక ప్రయోజనాలను కలిగి ఉన్నాయి. అవి:

- భూమి యొక్క ఉపరితలం నుండి వేడిని తీసివేయడం ద్వారా వాతావరణాన్ని చల్లబరుస్తాయి.

- శుభ్రమైన మరియు సుస్థిరమైన శక్తి వనరును అందిస్తాయి.

- భవనాలను వేడి చేయడానికి ఒక సమర్థవంతమైన మార్గాన్ని అందిస్తాయి.

Chapter 3: Geothermal Energy's Green Advantage

అధ్యాయం 3: భూ ఉష్ణ శక్తి యొక్క పచ్చదనం ప్రయోజనం

పునరుత్పాత మరియు భూమి-స్నేహపూర్వక: శిలాజ ఇంధనాలతో పోలిక, కనీస CO2 ఉద్గారాలు, వనరుల దీర్ఘకాలికత

శిలాజ ఇంధనాలు, వీటిలో పెట్రోలు, డీజిల్, గ్యాస్ మరియు బొగ్గు ఉన్నాయి, ప్రస్తుతం ప్రపంచంలోని శక్తి యొక్క ప్రధాన మూలం. అయితే, ఈ ఇంధనాలు కాలుష్యం మరియు వాతావరణ మార్పులకు దారితీస్తున్నాయి. పునరుత్పాత శక్తి వనరులు, వీటిలో సౌర, పవన, జల విద్యుత్ మరియు భూ ఉష్ణ శక్తి ఉన్నాయి, శిలాజ ఇంధనాలకు మరింత ఆరోగ్యకరమైన మరియు సుస్థిరమైన ప్రత్యామ్నాయంగా ఉంటాయి.

పునరుత్పాత శక్తి మరియు శిలాజ ఇంధనాల మధ్య కొన్ని ప్రధాన తేడాలు ఉన్నాయి:

- పునరుత్పాత శక్తి వనరులు శిలాజ ఇంధనాల వలె అంత త్వరగా అయిపోవు. భూమి యొక్క అంతర్గత ఉష్ణం భూ ఉష్ణ శక్తి యొక్క వనరుగా ఉంటుంది, సూర్యుడు సౌర శక్తి యొక్క వనరుగా ఉంటుంది మరియు గాలి మరియు నీరు పవన మరియు జల విద్యుత్ యొక్క వనరుగా ఉంటాయి.

* పునరుత్పాత శక్తి వనరులు శిలాజ ఇంధనాల వలె కాలుష్యాన్ని కలిగించవు. పునరుత్పాత శక్తి వనరులు గాలి లేదా నీటి కాలుష్యాన్ని కలిగించవు, ఇవి వాతావరణ మార్పులకు దారితీస్తాయి.

పునరుత్పాత శక్తి వనరులు శిలాజ ఇంధనాల కంటే కనీసం CO_2 ఉద్ధారాలను కలిగి ఉంటాయి. పునరుత్పాత శక్తి వనరులు CO_2 ఉద్ధారాలను ఉత్పత్తి చేయవు, అయితే శిలాజ ఇంధనాలు CO_2 ఉద్ధారాలను విడుదల చేస్తాయి. ఈ ఉద్ధారాలు వాతావరణ మార్పులకు దారితీస్తాయి.

పునరుత్పాత శక్తి వనరులు శిలాజ ఇంధనాల కంటే దీర్ఘకాలికంగా నిరోధకంగా ఉంటాయి. శిలాజ ఇంధనాలు అయిపోతున్నాయి, అయితే పునరుత్పాత శక్తి వనరులు అంతులేనివి. భూమి యొక్క అంతర్గత ఉష్ణం, సూర్యుడు మరియు గాలి మరియు నీరు ఎల్లప్పుడూ అందుబాటులో ఉంటాయి.

పునరుత్పాత శక్తి యొక్క ప్రయోజనాల కారణంగా, ఇది శిలాజ ఇంధనాలకు మరింత ఆరోగ్యకరమైన మరియు సుస్థిరమైన ప్రత్యామ్నాయంగా ఉంటుంది.

నమ్మకమైన & నిరంతర విద్యుత్: బేస్‌లోడ్ విద్యుత్ వనరు, గాలి లేదా సౌరశక్తి వలే కాకుండా 24/7 ఉత్పత్తి

విద్యుత్ అనేది నేటి ప్రపంచంలోని అవసరమైన వనరు. ఇది మన జీవితంలోని అనేక అంశాలను నడిపిస్తుంది, వీటిలో భవనాల వేడి చేయడం, పరిశ్రమ, రవాణా మరియు సమాచార సాంకేతికత ఉన్నాయి.

విద్యుత్తును ఉత్పత్తి చేయడానికి వివిధ మార్గాలు ఉన్నాయి. శిలాజ ఇంధనాలు, సౌర, పవన మరియు భూ ఉష్ణ శక్తి వంటివి సాధారణంగా ఉపయోగించే కొన్ని మార్గాలు.

శిలాజ ఇంధనాలు, వీటిలో పెట్రోలు, డీజిల్, గ్యాస్ మరియు బొగ్గు ఉన్నాయి, ప్రస్తుతం ప్రపంచంలోని విద్యుత్తు యొక్క ప్రధాన మూలం. అయితే, ఈ ఇంధనాలు కాలుష్యం మరియు వాతావరణ మార్పులకు దారితీస్తున్నాయి.

సౌర, పవన మరియు భూ ఉష్ణ శక్తి వంటి పునరుత్పాత శక్తి వనరులు శిలాజ ఇంధనాలకు మరింత ఆరోగ్యకరమైన మరియు సుస్థిరమైన ప్రత్యామ్నాయంగా ఉంటాయి. అయితే, ఈ వనరులు సాధారణంగా శిలాజ ఇంధనాల వలే నమ్మదగినవి లేదా నిరంతరంగా ఉండవు.

ఉదాహరణకు, సౌరశక్తి సూర్యరశ్మిపై ఆధారపడి ఉంటుంది, ఇది 24/7 అందుబాటులో ఉండదు. పవన శక్తి గాలి ప్రవాహలపై ఆధారపడి ఉంటుంది, ఇవి కూడా 24/7 స్థిరంగా ఉండవు. భూ ఉష్ణ శక్తి భూమి యొక్క అంతర్గత ఉష్ణంపై ఆధారపడి ఉంటుంది, ఇది కూడా ఎల్లప్పుడూ అందుబాటులో ఉండదు.

ఈ కారణంగా, శిలాజ ఇంధనాలతో పాటు పునరుత్పాత శక్తి వనరులను ఉపయోగించడం ద్వారా మాత్రమే నమ్మదగిన మరియు నిరంతర విద్యుత్తును ఉత్పత్తి చేయడం సాధ్యమవుతుంది.

బేస్‌లోడ్ విద్యుత్ వనరు

బేస్‌లోడ్ విద్యుత్ వనరు అనేది 24/7 స్థిరంగా విద్యుత్తును ఉత్పత్తి చేయగల వనరు. ఈ వనరులు సాధారణంగా శిలాజ ఇంధనాలపై ఆధారపడి ఉంటాయి, ఎందుకంటే శిలాజ ఇంధనాలు సరసమైనవి మరియు సులభంగా అందుబాటులో ఉన్నాయి.

బేస్‌లోడ్ విద్యుత్ వనరులు ముఖ్యమైనవి ఎందుకంటే అవి విద్యుత్తు వ్యవస్థను స్థిరంగా ఉంచడంలో సహాయపడతాయి.

పర్యావరణ ప్రభావాన్ని తగ్గించడం: భూమి పాదముద్ర, నీటి వినియోగం, శబ్దం మరియు కాలుష్యం నివారణ

పర్యావరణం మన జీవితాలకు ముఖ్యమైనది. ఇది మనకు గాలి, నీరు మరియు ఆహారాన్ని అందిస్తుంది. అయితే, మనం పర్యావరణంపై తీవ్రమైన ప్రభావాన్ని చూపుతున్నాము.

మనం పర్యావరణ ప్రభావాన్ని తగ్గించడానికి చాలా చేయగలము. మనం మన భూమి పాదముద్రను తగ్గించడం, నీటి వినియోగాన్ని తగ్గించడం, శబ్దం మరియు కాలుష్యాన్ని నివారించడం ద్వారా ఇది చేయవచ్చు.

భూమి పాదముద్ర

భూమి పాదముద్ర అనేది మన జీవనశైలి మన గ్రహంపై ఎలాంటి ప్రభావాన్ని చూపుతుందో కొలవడానికి ఉపయోగించే ఒక కొలత. భూమి పాదముద్రను తగ్గించడానికి, మనం మన వినియోగాన్ని తగ్గించడం మరియు మరింత సమర్థవంతంగా ఉత్పత్తి చేయబడిన వస్తువులు మరియు సేవలను ఎంచుకోవడం ద్వారా చేయవచ్చు.

నీటి వినియోగం

నీరు ఒక అమూల్యమైన వనరు. మనం నీటి వినియోగాన్ని తగ్గించడానికి, మనం మన స్నానాల సమయాన్ని తగ్గించడం, మన యంత్రాలను సరిగ్గా నిర్వహించడం మరియు వృథా నీటిని నివారించడం ద్వారా చేయవచ్చు.

శబ్దం

శబ్దం కాలుష్యం ఆరోగ్యానికి హానికరం. మనం శబ్దం కాలుష్యాన్ని తగ్గించడానికి, మనం మన కార్లను తక్కువగా నడపడం, మన హెడ్ఫోన్స్లను తక్కువ శబ్దంతో ఉపయోగించడం మరియు మన ఇళ్లను మరింత శబ్ద నిరోధకంగా చేయడం ద్వారా చేయవచ్చు.

కాలుష్యం

కాలుష్యం పర్యావరణానికి మరియు ఆరోగ్యానికి హానికరం. మనం కాలుష్యాన్ని తగ్గించడానికి, మనం మన కార్లను తక్కువగా నడపడం, మన పునర్వినియోగించదగిన వస్తువులను ఎంచుకోవడం మరియు మన చుట్టూ ఉన్న వాతావరణాన్ని శుభ్రంగా ఉంచడం ద్వారా చేయవచ్చు.

పర్యావరణ ప్రభావాన్ని తగ్గించడానికి మనం చేసే ప్రతి చిన్న విషయం ముఖ్యం. మనం కలిసి పనిచేస్తే, మనం మన గ్రహాన్ని మరింత ఆరోగ్యకరమైన ప్రదేశంగా మార్చగలము.

పర్యావరణ ప్రభావాన్ని తగ్గించడానికి కొన్ని నిర్దిష్ట చిట్కాలు:

- మీ భవనంలో మరింత శక్తి సమర్థవంతమైన లైటింగ్ మరియు యంత్రాలను ఉపయోగించండి.

స్థానిక కమ్యూనిటీలకు మద్దతు: ఉద్యోగ సృష్టి, ఆర్థిక అభివృద్ధి, గ్రామీణ విద్యుదీకరణ

స్థానిక కమ్యూనిటీలు ప్రపంచంలోని ప్రధాన స్తంభాలు. వారు మనకు ఆహారం, నీరు, ఆవాసం మరియు సంస్కృతిని అందిస్తారు. స్థానిక కమ్యూనిటీలను బలపరచడం ముఖ్యం, ఎందుకంటే అది వారి ప్రజలకు మెరుగైన జీవితాన్ని అందిస్తుంది మరియు మొత్తం సమాజానికి మంచిది.

స్థానిక కమ్యూనిటీలను బలపరచడానికి అనేక మార్గాలు ఉన్నాయి. ఒక మార్గం ఉద్యోగ సృష్టిని ప్రోత్సహించడం. స్థానికంగా ఉత్పత్తి చేసే ఉత్పత్తులు మరియు సేవలను ప్రోత్సహించడం ద్వారా, మనం స్థానిక కంపెనీలకు మరియు వ్యాపారాలకు మద్దతు ఇవ్వవచ్చు మరియు స్థానికంగా ఉద్యోగాలను సృష్టించవచ్చు.

ఆర్థిక అభివృద్ధిని ప్రోత్సహించడం ద్వారా కూడా స్థానిక కమ్యూనిటీలను బలపరచవచ్చు. స్థానికంగా నిర్మించిన నిర్మాణాలను ప్రోత్సహించడం ద్వారా, మనం స్థానిక ఆర్థిక వ్యవస్థను బలోపేతం చేయవచ్చు మరియు స్థానికంగా ఆదాయాన్ని సృష్టించవచ్చు.

గ్రామీణ విద్యుదీకరణ కూడా స్థానిక కమ్యూనిటీలను బలపరచడంలో ముఖ్యమైన పాత్ర పోషిస్తుంది. గ్రామీణ ప్రాంతాల్లో విద్యుత్తు అందుబాటులో లేకపోవడం వల్ల ఆర్థిక అవకాశాలు పరిమితం చేయబడతాయి మరియు జీవన ప్రమాణాలు తగ్గుతాయి. గ్రామీణ ప్రాంతాల్లో విద్యుత్తును తీసుకురావడం వల్ల ఆర్థిక అభివృద్ధిని ప్రోత్సహించవచ్చు మరియు స్థానిక ప్రజల జీవితాలను మెరుగుపరచవచ్చు.

స్థానిక కమ్యూనిటీలను బలపరచడానికి అనేక ప్రభుత్వ ప్రోగ్రామ్‌లు ఉన్నాయి. ఈ ప్రోగ్రామ్‌లు ఉద్యోగ సృష్టి, ఆర్థిక అభివృద్ధి మరియు గ్రామీణ విద్యుదీకరణను ప్రోత్సహించడానికి రూపొందించబడ్డాయి.

స్థానిక కమ్యూనిటీలను బలపరచడానికి మనమందరం కలిసి పనిచేయవచ్చు. స్థానికంగా ఉత్పత్తి చేసే ఉత్పత్తులు మరియు సేవలను కొనుగోలు చేయడం, స్థానికంగా నిర్మించిన నిర్మాణాలను ప్రోత్సహించడం మరియు గ్రామీణ ప్రాంతాల్లో విద్యుత్తును తీసుకురావడానికి మద్దతు ఇవ్వడం ద్వారా, మనం మన స్థానిక కమ్యూనిటీలను మరింత బలోపేతం చేయడంలో సహాయపడవచ్చు.

స్థానిక కమ్యూనిటీలను బలోపేతం చేయడం ముఖ్యం, ఎందుకంటే అవి మొత్తం సమాజానికి ప్రయోజనం చేకూరుస్తాయి. స్థానిక కమ్యూనిటీలను బలోపేతం చేయడానికి మార్గాలు ఉన్నాయి:

ఉద్యోగ సృష్టి

ఉద్యోగ సృష్టి స్థానిక కమ్యూనిటీలకు ఒక ముఖ్యమైన అవసరం. ఉద్యోగాలు ఆర్థిక స్థిరత్వాన్ని మరియు సామాజిక స్థిరత్వాన్ని అందిస్తాయి.

స్థానిక కమ్యూనిటీలలో ఉద్యోగాలను సృష్టించడానికి అనేక మార్గాలు ఉన్నాయి. ఒక మార్గం స్థానిక వ్యాపారాలకు మద్దతు ఇవ్వడం. మరోక మార్గం స్థానిక ఉత్పత్తులను మరియు సేవలను ప్రోత్సహించడం. మూడవ మార్గం స్థానికంగా ఉత్పత్తి చేయబడిన వస్తువుల మరియు సేవల కోసం డిమాండును పెంచడం.

ఆర్థిక అభివృద్ది

ఆర్థిక అభివృద్ది స్థానిక కమ్యూనిటీలకు మరొక ముఖ్యమైన అవసరం. ఆర్థిక అభివృద్ది ప్రజలకు మెరుగైన జీవన ప్రమాణాలను అందిస్తుంది మరియు వారి అవసరాలను తీర్చడానికి మరింత అవకాశాలను అందిస్తుంది.

స్థానిక కమ్యూనిటీలలో ఆర్థిక అభివృద్దిని ప్రోత్సహించడానికి అనేక మార్గాలు ఉన్నాయి. ఒక మార్గం స్థానిక వ్యాపారాలకు సహాయం చేయడం. మరొక మార్గం స్థానిక ఉత్పత్తులను మరియు సేవలను ప్రోత్సహించడం. మూడవ మార్గం స్థానికంగా ఉత్పత్తి చేయబడిన వస్తువుల మరియు సేవల కోసం డిమాండ్ను పెంచడం.

గ్రామీణ విద్యుదీకరణ

గ్రామీణ విద్యుదీకరణ స్థానిక కమ్యూనిటీలకు మరొక ముఖ్యమైన అవసరం. విద్యుత్తు విద్య, వైద్యం మరియు వ్యవసాయం వంటి అనేక రంగాలలో అవసరం.

గ్రామీణ ప్రాంతాలలో విద్యుత్తును తీసుకురావడానికి అనేక మార్గాలు ఉన్నాయి. ఒక మార్గం ప్రభుత్వం ద్వారా విద్యుత్తును అందించడం. మరొక మార్గం సౌర శక్తి లేదా ఇతర పునరుత్పాత శక్తి వనరులను ఉపయోగించడం.

Chapter 4: Challenges & Considerations

అధ్యాయం 4 : సవాళ్లు & పరిగణనలు

భూ ఉష్ణాన్ని బాధ్యతారాహ్యంగా అన్వేషించడం: స్థిరత్వ ఆందోళనలు, పర్యావరణ ప్రభావాన్ని తగ్గించడం, కమ్యూనిటీ భాగస్వామ్యం

భూ ఉష్ణం అనేది భూమి యొక్క అంతర్గత ఉష్ణం, ఇది భూమి యొక్క భౌగోళిక నిర్మాణం మరియు ఉపరితలంలోని శక్తి ప్రవాహాల ద్వారా ఉత్పత్తి అవుతుంది. భూ ఉష్ణాన్ని అన్వేషించడం శాస్త్రీయ పరిశోధనకు ఒక ముఖ్యమైన భాగం, ఎందుకంటే ఇది భూమి యొక్క నిర్మాణం మరియు అభివృద్ధి గురించి మన అవగాహనను మెరుగుపరచడంలో సహాయపడుతుంది.

అయితే, భూ ఉష్ణాన్ని అన్వేషించడం కొన్ని స్థిరత్వ ఆందోళనలకు దారితీస్తుంది. ఉదాహరణకు, భూ ఉష్ణ శక్తిని విద్యుత్తుగా మార్చడానికి ఉపయోగించే ప్లాంట్లు పర్యావరణానికి హానికరం కావచ్చు. అవి గాలి మరియు నీటి కాలుష్యాన్ని కలిగిస్తాయి మరియు భూ ఉష్ణాన్ని తీసేటప్పుడు భూమి యొక్క భౌగోళిక నిర్మాణాన్ని మార్చవచ్చు.

భూ ఉష్ణాన్ని బాధ్యతారాహ్యంగా అన్వేషించడానికి, పర్యావరణ ప్రభావాన్ని తగ్గించడానికి మరియు కమ్యూనిటీలతో భాగస్వామ్యం చేయడానికి చర్యలు తీసుకోవాలి.

పర్యావరణ ప్రభావాన్ని తగ్గించడానికి కొన్ని మార్గాలు:

- భూ ఉష్ణ ప్లాంట్లను సమర్థవంతమైన మరియు కాలుష్యం తక్కువగా ఉండే పద్ధతులను ఉపయోగించి నిర్మించండి.

- భూ ఉష్ణ ప్లాంట్లను పరిసర కమ్యూనిటీల నుండి దూరంగా ఉంచండి.

- భూ ఉష్ణ ప్లాంట్ల నుండి వచ్చే ఉద్ఘారాలను తగ్గించడానికి కాలుష్య నియంత్రణ పరికరాలను ఉపయోగించండి.

కమ్యూనిటీ భాగస్వామ్యాన్ని ప్రోత్సహించడానికి కొన్ని మార్గాలు:

- భూ ఉష్ణ ప్లాంట్లను నిర్మించే ముందు, ప్రభుత్వం మరియు ప్లాంట్ ఆపరేటర్లు పరిసర కమ్యూనిటీలతో సమాచార మరియు సంభాషణ ప్రక్రియను నిర్వహించాలి.

- భూ ఉష్ణ ప్లాంట్లు పరిసర కమ్యూనిటీలకు ఆర్థిక ప్రయోజనాలను అందించే విధంగా రూపొందించబడాలి.

- భూ ఉష్ణ ప్లాంట్ల నుండి వచ్చే పర్యావరణ ప్రభావాలను పరిసర కమ్యూనిటీలతో పంచుకోవడానికి ప్లాంట్ ఆపరేటర్లు చర్యలు తీసుకోవాలి.

ఖర్చు ఫ్యాక్టర్: ప్రారంభ మౌలిక సదుపాయాల పెట్టుబడి, నిర్వహణ ఖర్చులతో పోలిక, ఆర్థిక సాధ్యత

ఖర్చు అనేది ఏదైనా ప్రాజెక్ట్ను ప్రారంభించే మరియు నిర్వహించేటప్పుడు పరిగణించవలసిన ముఖ్యమైన అంశం. ఖర్చు ఫ్యాక్టర్ అనేది ఏదైనా ప్రాజెక్ట్కు సంబంధించిన అన్ని ఖర్చులను పరిగణనలోకి తీసుకునే విధానం.

ప్రారంభ మౌలిక సదుపాయాల పెట్టుబడి

ఏదైనా ప్రాజెక్ట్కు సంబంధించిన అత్యంత ముఖ్యమైన ఖర్చు ప్రారంభ మౌలిక సదుపాయాల పెట్టుబడి. ఈ ఖర్చులో ప్రాజెక్ట్ను ప్రారంభించడానికి అవసరమైన అన్ని పరికరాలు మరియు సామగ్రి యొక్క ధరలు ఉన్నాయి.

నిర్వహణ ఖర్చులు

ప్రారంభ మౌలిక సదుపాయాల పెట్టుబడి తర్వాత, ప్రాజెక్ట్ ను నిర్వహించడానికి అవసరమైన నిర్వహణ ఖర్చులు ఉంటాయి. ఈ ఖర్చులో శక్తి, పని మరియు నిర్వహణ పదార్థాల ఖర్చులు ఉన్నాయి.

ఖర్చు ఫ్యాక్టర్ను పోల్చడం

ప్రారంభ మౌలిక సదుపాయాల పెట్టుబడి మరియు నిర్వహణ ఖర్చులను పోల్చడం ద్వారా, ఏదైనా ప్రాజెక్ట్ ఆర్థికంగా సాధ్యమో లేదో అంచనా వేయవచ్చు.

ఆర్థిక సాధ్యత

ఒక ప్రాజెక్ట్ ఆర్థికంగా సాధ్యమైతే, అది తన ఖర్చులను తిరిగి పొందగలదు. ఒక ప్రాజెక్ట్ ఆర్థికంగా సాధ్యం కాకపోతే, అది తన ఖర్చులను తిరిగి పొందలేకపోతుంది.

ఖర్చు ఫ్యాక్టర్‌ను తగ్గించడానికి మార్గాలు

ఖర్చు ఫ్యాక్టర్‌ను తగ్గించడానికి అనేక మార్గాలు ఉన్నాయి. కొన్ని సాధారణ మార్గాలు:

- మౌలిక సదుపాయాలను సమర్థవంతంగా ఉపయోగించండి.
- నిర్వహణ ఖర్చులను తగ్గించండి.
- ప్రభుత్వం లేదా ఇతర సంస్థల నుండి ఆర్థిక సహాయం పొందండి.

ఖర్చు ఫ్యాక్టర్‌ను తగ్గించడం ద్వారా, ఏదైనా ప్రాజెక్ట్‌ను మరింత ఆర్థికంగా సాధ్యం చేయవచ్చు.

భూకంప కార్యకలాపాలు & భద్రతా ఆందోళనలు: సంభావ్య ప్రమాదాలను ఎదుర్కోవడం, పర్యవేక్షణ వ్యవస్థలు, ప్రజా విద్య

భూకంపాలు ప్రపంచవ్యాప్తంగా జరిగే సహజ విపత్తులు. అవి భూమి యొక్క అంతర్గత శక్తుల కారణంగా ఏర్పడతాయి మరియు భారీ స్థాపనలకు ధ్వంసం, మరణాలు మరియు గాయాలకు కారణమవుతాయి.

భూకంప కార్యకలాపాలకు సంబంధించి అనేక భద్రతా ఆందోళనలు ఉన్నాయి. ఈ ఆందోళనలలో కొన్ని:

భూకంపాల సంభావ్యత: భూకంపాల సంభావ్యత ఎల్లప్పుడూ ఉంటుంది, అవి ఎప్పుడు లేదా ఎక్కడ జరుగుతాయో ముందుగా చెప్పడం అసాధ్యం.

భూకంపాల తీవ్రత: భూకంపాల తీవ్రత వాటి శక్తిని బట్టి మారుతుంది. తీవ్రమైన భూకంపాలు భారీ స్థాపనలను ధ్వంసం చేయగలవు మరియు మరణాలు మరియు గాయాలకు కారణమవుతాయి.

భూకంపాల ప్రభావం: భూకంపాలు భూమి యొక్క ఉపరితలంపై పెద్ద భాగాలను కదిలించగలవు. ఈ కదలికలు భవనాలకు, పైపులకు మరియు ఇతర నిర్మాణాలకు హాని కలిగించవచ్చు.

ఈ భద్రతా ఆందోళనలను ఎదుర్కోవడానికి, అనేక చర్యలు తీసుకోవచ్చు. ఈ చర్యలలో కొన్ని:

భూకంప కార్యకలాపాల పర్యవేక్షణ: భూకంప కార్యకలాపాలను పర్యవేక్షించడానికి అనేక వ్యవస్థలు ఉన్నాయి. ఈ వ్యవస్థలు భూకంపాల సంభావ్యతను అంచనా వేయడంలో మరియు భూకంపాలు జరిగినప్పుడు వార్తలను వ్యాప్తి చేయడంలో సహాయపడతాయి.

భూకంప భద్రతపై ప్రజా విద్య: భూకంప భద్రతపై ప్రజలకు విద్య ఇవ్వడం ముఖ్యం. ఈ విద్య ప్రజలు భూకంపాల సమయంలో ఏమి చేయాలో మరియు వారిని మరియు వారి ఆస్తిని ఎలా రక్షించుకోవాలో తెలుసుకోవడంలో సహాయపడుతుంది.

భూకంప భద్రమైన నిర్మాణాలు: భూకంప భద్రమైన నిర్మాణాలు భూకంపాల నుండి మరింత మంచి రక్షణను అందిస్తాయి. ఈ నిర్మాణాలు భూకంపాల శక్తిని తట్టుకోగలలగా రూపొందించబడతాయి.

భూకంప కార్యకలాపాల నుండి ప్రజలను రక్షించడానికి ఈ చర్యలు సహాయపడతాయి. అయితే, భూకంపాలు సహజ విపత్తులు మరియు వాటిని పూర్తిగా నివారించడం అసాధ్యం.

విధానం & సాంకేతిక అడ్డంకులు: పెట్టుబడులను ప్రోత్సహించడం, పరిశోధన & అభివృద్ధి, నియంత్రణ అడ్డంకులను అధిగమించడం

విధానం మరియు సాంకేతికత అనేవి ఏదైనా ప్రాజెక్ట్‌ను విజయవంతం చేయడంలో ముఖ్యమైన అంశాలు. విధానం సరైనది కాకపోతే, పెట్టుబడులు తగినంతగా లభించకపోవచ్చు లేదా ప్రాజెక్ట్‌ను పూర్తి చేయడానికి అవసరమైన సాంకేతికత అందుబాటులో ఉండకపోవచ్చు.

పెట్టుబడులను ప్రోత్సహించడానికి

ప్రభుత్వం విధానాలను రూపొందించడం ద్వారా పెట్టుబడులను ప్రోత్సహించవచ్చు. ఈ విధానాలు పన్ను మినహాయింపులు, ప్రోత్సాహకాలు మరియు ఇతర ప్రోత్సాహాలను కలిగి ఉండవచ్చు.

పరిశోధన & అభివృద్ధిని ప్రోత్సహించడానికి

ప్రభుత్వం పరిశోధన & అభివృద్ధిని ప్రోత్సహించడానికి నిధులు మరియు సహాయం అందించవచ్చు. ఈ సహాయం కొత్త సాంకేతికతలను అభివృద్ధి చేయడానికి మరియు పరిపూర్ణం చేయడానికి వ్యాపారాలకు సహాయపడుతుంది.

నియంత్రణ అడ్డంకులను అధిగమించడానికి

ప్రభుత్వం నియంత్రణ అడ్డంకులను తగ్గించడానికి చర్యలు తీసుకోవచ్చు. ఈ చర్యలు కొత్త ఉత్పత్తులు మరియు సేవలను అభివృద్ధి చేయడానికి మరియు విక్రయించడానికి వ్యాపారాలకు సులభతరం చేస్తాయి.

విధానం & సాంకేతిక అడ్డంకులను అధిగమించడానికి కొన్ని నిర్దిష్ట సిఫార్సులు:

- పెట్టుబడులను ప్రోత్సహించడానికి, ప్రభుత్వం పన్ను మినహాయింపులు, ప్రోత్సహకాలు మరియు ఇతర ప్రోత్సాహలను అందించవచ్చు. ఈ ప్రోత్సాహలు పెట్టుబడిదారులకు మరింత లాభదాయకంగా ఉండేలా చేస్తాయి.

- పరిశోధన & అభివృద్ధిని ప్రోత్సహించడానికి, ప్రభుత్వం నిధులు మరియు సహాయం అందించవచ్చు. ఈ సహాయం కొత్త సాంకేతికతలను అభివృద్ధి చేయడానికి మరియు పరిపూర్ణం చేయడానికి వ్యాపారాలకు సహాయపడుతుంది.

- నియంత్రణ అడ్డంకులను అధిగమించడానికి, ప్రభుత్వం నియంత్రణలను సరళీకృతం చేయడానికి మరియు సమాచారాన్ని అందుబాటులో ఉంచడానికి చర్యలు తీసుకోవచ్చు. ఈ చర్యలు కొత్త ఉత్పత్తులు మరియు సేవలను అభివృద్ధి చేయడానికి మరియు విక్రయించడానికి వ్యాపారాలకు సులభతరం చేస్తాయి.

పెట్టుబడులను ప్రోత్సహించడం

విధానం మరియు సాంకేతిక అడ్డంకులను తొలగించడం ద్వారా పెట్టుబడులను ప్రోత్సహించవచ్చు. ఉదాహరణకు, ప్రభుత్వం పన్ను రాయితీలు, ప్రోత్సాహలు మరియు ఇతర ప్రోత్సాహకాలను అందించడం ద్వారా పెట్టుబడులను ప్రోత్సహించవచ్చు.

పరిశోధన & అభివృద్ధి

పరిశోధన మరియు అభివృద్ధి (R&D) విధానం మరియు సాంకేతిక అడ్డంకులను అధిగమించడానికి మరొక మార్గం. R&D కొత్త పరికరాలు, సాఫ్ట్‌వేర్ మరియు ఇతర సాంకేతికతలను అభివృద్ధి చేయడంలో సహాయపడుతుంది, ఇవి అడ్డంకులను అధిగమించడంలో సహాయపడతాయి.

నియంత్రణ అడ్డంకులను అధిగమించడం

నియంత్రణ అడ్డంకులను అధిగమించడానికి, ప్రభుత్వం చట్టాలు మరియు నిబంధనలను సులభతరం చేయడానికి లేదా సవరించడానికి చర్యలు తీసుకోవచ్చు. ఉదాహరణకు, ప్రభుత్వం కొత్త పరికరాలు లేదా సాంకేతికతలను భద్రతా అంచనాలను తీర్చడానికి అనుమతించడానికి చర్యలు తీసుకోవచ్చు.

విధానం మరియు సాంకేతిక అడ్డంకులను తొలగించడం ద్వారా, ప్రభుత్వాలు మరియు వ్యాపారాలు పెట్టుబడులను ప్రోత్సహించగలవు, R&Dను ప్రోత్సహించగలవు మరియు నియంత్రణ అడ్డంకులను అధిగమించగలవు. ఇది సాంకేతికత యొక్క అభివృద్ధి మరియు వినియోగాన్ని ప్రోత్సహించడంలో సహాయపడుతుంది.

వివిధ రకాల విధానం మరియు సాంకేతిక అడ్డంకులకు కొన్ని ఉదాహరణలు:

- విధానం అడ్డంకులు:
  - అధిక పన్ను రేట్లు
  - కఠినమైన నిబంధనలు
  - అధిక కార్యనిర్వాహక ఖర్చులు

- సాంకేతిక అడ్డంకులు:
  - అధిక ధరలు
  - అసమర్థత
  - కొరత

Chapter 5: Geothermal Exploration in Action

అధ్యాయం 5: భూ ఉష్ణ అన్వేషణ చర్యలో

విజయవంతమైన ప్రాజెక్టుల కేసు స్టడీలు: ఐస్ల్యాండ్, న్యూజిలాండ్, ఫిలిప్పీన్స్, ప్రపంచవ్యాప్తంగా భూ ఉష్ణ విజయ కథనాలు

భూ ఉష్ణం అనేది భూమి యొక్క అంతర్గత ఉష్ణం, ఇది భూమి యొక్క భౌగోళిక నిర్మాణం మరియు ఉపరితలంలోని శక్తి ప్రవాహాల ద్వారా ఉత్పత్తి అవుతుంది. భూ ఉష్ణాన్ని అన్వేషించడం శాస్త్రీయ పరిశోధనకు ఒక ముఖ్యమైన భాగం, ఎందుకంటే ఇది భూమి యొక్క నిర్మాణం మరియు అభివృద్ధి గురించి మన అవగాహనను మెరుగుపరచడంలో సహాయపడుతుంది.

ప్రపంచవ్యాప్తంగా అనేక విజయవంతమైన భూ ఉష్ణ ప్రాజెక్టులు ఉన్నాయి. ఈ ప్రాజెక్టులు భూ ఉష్ణాన్ని అన్వేషించడానికి మరియు దానిని వివిధ ఉద్దేశ్యాల కోసం ఉపయోగించడానికి కొత్త మార్గాలను అభివృద్ధి చేయడంలో సహాయపడ్డాయి.

ఐస్ల్యాండ్

ఐస్ల్యాండ్లో, భూ ఉష్ణాన్ని విద్యుత్తును ఉత్పత్తి చేయడానికి ఉపయోగించే అనేక భూ ఉష్ణ ప్లాంట్లు ఉన్నాయి. ఈ ప్లాంట్

లు ఐస్ల్యాండ్‌లోని భూ ఉష్ణ శక్తిని ఉపయోగించి దేశంలోని విద్యుత్తు డిమాండ్‌లో చాలా భాగాన్ని తీర్చడంలో సహాయపడ్డాయి.

న్యూజిలాండ్

న్యూజిలాండ్‌లో, భూ ఉష్ణాన్ని ఇళ్లను వేడి చేయడానికి మరియు హాట్ స్ప్రింగ్‌లను సృష్టించడానికి ఉపయోగిస్తారు. న్యూజిలాండ్‌లోని భూ ఉష్ణ శక్తిని ఉపయోగించడం ద్వారా, దేశం గ్రీన్‌హౌస్ వాయు ఉధ్ధారాలను తగ్గించడంలో సహాయపడుతుంది.

ఫిలిప్పీన్స్

ఫిలిప్పీన్స్‌లో, భూ ఉష్ణాన్ని హాట్ స్ప్రింగ్‌లను సృష్టించడానికి మరియు సందర్శకులను ఆకర్షించడానికి ఉపయోగిస్తారు. ఫిలిప్పీన్స్‌లోని భూ ఉష్ణ శక్తిని ఉపయోగించడం ద్వారా, దేశం పర్యాటక రంగానికి మద్దతు ఇస్తుంది.

ప్రపంచవ్యాప్తంగా

ప్రపంచవ్యాప్తంగా, భూ ఉష్ణాన్ని అన్వేషించడానికి మరియు దానిని వివిధ ఉద్దేశ్యాల కోసం ఉపయోగించడానికి అనేక ప్రయోగాలు జరుగుతున్నాయి. ఈ ప్రయోగాలలో కొన్ని:

- భూ ఉష్ణాన్ని హైడ్రోజన్‌ను ఉత్పత్తి చేయడానికి ఉపయోగించడం

- భూ ఉష్ణాన్ని భూమిని వేడి చేయడానికి ఉపయోగించడం

- భూ ఉష్ణాన్ని భూమి యొక్క లోతైన నిర్మాణం గురించి

విద్యార్థి చొరవలు & పౌరుష సైన్స్: పరిశోధనలో యువతను నిమగ్నం చేయడం, భూ ఉష్ట విద్య కార్యక్రమాలు, పౌరుష సైన్స్ భాగస్వామ్యం

విద్యార్థి చొరవలు మరియు పౌరుష సైన్స్ యువతను పరిశోధనలో నిమగ్నం చేయడానికి మరియు భూ ఉష్టం గురించి అవగాహన పెంచడానికి ఒక ముఖ్యమైన మార్గం.

పరిశోధనలో యువతను నిమగ్నం చేయడం

విద్యార్థి చొరవలు యువతకు పరిశోధనలో చేరడానికి మరియు వారి స్వంత ప్రశ్నలకు సమాధానం ఇవ్వడానికి అవకాశం కల్పిస్తాయి. ఈ చొరవలు యువతకు సైన్స్ గురించి ఆసక్తిని పెంపొందించడానికి మరియు వారి కెరీర్లలో సైన్స్ను ఎంచుకోవడానికి ప్రేరేపించడానికి సహాయపడతాయి.

భూ ఉష్ణ విద్య కార్యక్రమాలు

భూ ఉష్ణ విద్య కార్యక్రమాలు యువతకు భూ ఉష్ణం గురించి అవగాహన పెంచడానికి సహాయపడతాయి. ఈ కార్యక్రమాలు భూ ఉష్ణం ఏమిటో, ఇది ఎలా పని చేస్తుందో మరియు దానిని ఎలా ఉపయోగించవచ్చో వివరిస్తాయి. భూ ఉష్ణ విద్య కార్యక్రమాలు యువతకు భూ ఉష్ణం యొక్క శక్తి మరియు మన ప్రపంచంపై దాని ప్రభావం గురించి తెలుసుకోవడంలో సహాయపడతాయి.

పౌరుష సైన్స్ భాగస్వామ్యం

పౌరుష సైన్స్ భాగస్వామ్యం యువతకు సైన్స్ గురించి తెలుసుకోవడానికి మరియు సైన్స్‌లో ఉన్న వృత్తిని ఎంచుకోవడానికి ప్రేరేపించడానికి సహాయపడుతుంది. ఈ భాగస్వామ్యాలు యువతకు సైన్స్ ప్రముఖులను కలిసే అవకాశాన్ని కల్పిస్తాయి, సైన్స్ ప్రదర్శనలను చూస్తాయి మరియు సైన్స్ కార్యక్రమాలలో పాల్గొంటాయి. పౌరుష సైన్స్ భాగస్వామ్యాలు యువతకు సైన్స్ యొక్క ఆనందం మరియు ప్రాముఖ్యత గురించి తెలుసుకోవడంలో సహాయపడతాయి.

భూ ఉష్ణ శక్తి యొక్క భవిష్యత్తు: భవిష్యత్తును రూపొందించే ఆవిష్కరణలు, ఉపయోగించని సామర్థ్యం, వాతావరణ మార్పును ఎదుర్కోవడంలో పాత్ర

భూ ఉష్ణం అనేది భూమి యొక్క అంతర్గత ఉష్ణం, ఇది భూమి యొక్క భౌగోళిక నిర్మాణం మరియు ఉపరితలంలోని శక్తి ప్రవాహాల ద్వారా ఉత్పత్తి అవుతుంది. ఇది శుద్ధమైన, పునరుత్పాదక మరియు శక్తివంతమైన శక్తి వనరుగా పరిగణించబడుతుంది.

భవిష్యత్తును రూపొందించే ఆవిష్కరణలు

భూ ఉష్ణ శక్తి సాంకేతికతలో అనేక ఆవిష్కరణలు జరుగుతున్నాయి. ఈ ఆవిష్కరణలు భూ ఉష్ణ శక్తిని మరింత సమర్థవంతంగా మరియు అందుబాటులో ఉంచడంలో సహాయపడతాయి.

- కొత్త సెన్సార్లు మరియు మోడలింగ్ సాఫ్ట్‌వేర్ భూ ఉష్ణ వనరులను కనుగొనడం మరియు అంచనా వేయడం సులభతరం చేస్తుంది.

- కొత్త పంపులు మరియు ట్యూబులేషన్లు భూ ఉష్ణాన్ని మరింత సమర్థవంతంగా ఉపయోగించడంలో సహాయపడతాయి.

- కొత్త హీటింగ్ మరియు కూలింగ్ సిస్టమ్‌లు భూ ఉష్ణాన్ని వినియోగించడం ద్వారా భవనాలను వేడి చేయడానికి మరియు చల్లబరచడానికి సహాయపడతాయి.

ఉపయోగించని సామర్థ్యం

ప్రపంచవ్యాప్తంగా భూ ఉష్ణ శక్తి యొక్క ఉపయోగించని సామర్థ్యం చాలా పెద్దది. అంచనా ప్రకారం, భూ ఉష్ణ శక్తి ప్రపంచంలోని మొత్తం శక్తి వినియోగంలో 10% నుండి 20% వరకు తీర్చగలదు.

వాతావరణ మార్పును ఎదుర్కోవడంలో పాత్ర

భూ ఉష్ణ శక్తి వాతావరణ మార్పును ఎదుర్కోవడంలో ఒక ముఖ్యమైన పాత్ర పోషించగలదు. ఇది శుద్ధమైన,

పునరుత్పాదక మరియు కార్బన్-ఉచిత శక్తి వనరుగా పరిగణించబడుతుంది.

భూ ఉష్ణ శక్తిని ఉపయోగించడం ద్వారా, మనం గ్రీన్‌హౌస్ వాయు ఉద్గారాలను తగ్గించడంలో సహాయపడవచ్చు మరియు పర్యావరణాన్ని రక్షించవచ్చు.

భవిష్యత్తు

భూ ఉష్ణ శక్తి యొక్క భవిష్యత్తు ప్రకాశవంతంగా ఉంది. శాస్త్రీయ పరిశోధన మరియు సాంకేతికతలో అభివృద్ధి భూ ఉష్ణ శక్తిని మరింత సరసమైన మరియు అందుబాటులో ఉంచుతుంది.

మీరు భూ ఉష్ణ న్యాయవాది కావచ్చు: విద్యార్థుల కోసం చర్య దశలు, భూ ఉష్ణ శక్తికి మద్దతు, కమ్యూనిటీ ప్రాజెక్టులు

భూ ఉష్ణం అనేది భూమి యొక్క అంతర్గత ఉష్ణం, ఇది భూమి యొక్క భౌగోళిక నిర్మాణం మరియు ఉపరితలంలోని శక్తి ప్రవాహాల ద్వారా ఉత్పత్తి అవుతుంది. ఇది శుద్ధమైన, పునరుత్పాదక మరియు శక్తివంతమైన శక్తి వనరుగా పరిగణించబడుతుంది.

భూ ఉష్ణ శక్తిని ప్రోత్సహించడానికి మరియు వాతావరణ మార్పును ఎదుర్కోవడంలో దాని పాత్రను పెంచడానికి, మనం భూ ఉష్ణ న్యాయవాదులుగా మారవచ్చు. విద్యార్థులు, పౌరులు మరియు కమ్యూనిటీ నాయకులుగా, మనం ఈ క్రింది చర్యలను తీసుకోవచ్చు:

విద్యార్థుల కోసం చర్య దశలు

- భూ ఉష్ణం గురించి అవగాహన పెంపొందించండి. విద్యార్థులకు భూ ఉష్ణం ఏమిటో, ఇది ఎలా పని చేస్తుందో మరియు దీనిని ఎలా ఉపయోగించవచ్చో తెలియజేయండి.

- భూ ఉష్ణ శక్తి యొక్క ప్రయోజనాలను ప్రచారం చేయండి. విద్యార్థులకు భూ ఉష్ణ శక్తి శుద్ధమైనది, పునరుత్పాదక మరియు వాతావరణ మార్పును ఎదుర్కోవడంలో సహాయపడుతుందని తెలియజేయండి.

- భూ ఉష్ణ శక్తి గురించి పరిశోధన చేయండి. విద్యార్థులు భూ ఉష్ణ శక్తి గురించి పరిశోధన చేయడానికి ప్రోత్సహించండి, తద్వారా

వారు ఈ అంశంపై స్వంత అభిప్రాయాన్ని రూపొందించవచ్చు.

భూ ఉష్ణ శక్తికి మద్దతు

- భూ ఉష్ణ శక్తి ప్రాజెక్టులకు మద్దతు ఇవ్వండి. మీ ప్రాంతంలో భూ ఉష్ణ శక్తి ప్రాజెక్టులను కనుగొనండి మరియు వాటిని మద్దతు ఇవ్వండి.

- భూ ఉష్ణ శక్తి గురించి మీ స్వంత ప్రాంతంలో అవగాహన పెంపొందించండి. మీ స్నేహితులు, కుటుంబం మరియు సమాజంతో భూ ఉష్ణ శక్తి గురించి మాట్లాడండి.

- భూ ఉష్ణ శక్తి గురించి స్థానిక నాయకులతో మాట్లాడండి. భూ ఉష్ణ శక్తిని ప్రోత్సహించడానికి మీ ప్రాంతంలో ఏమి చేయవచ్చో నాయకులతో చర్చించండి.

Chapter 6: Geothermal & the Renewable Energy   Mix

అధ్యాయం 6 : భూ ఉష్ణ & పునరుత్పాత ఇంధన మిశ్రమం

ఇంధన పోర్ట్ఫోలియోను వైవిధ్యపరచడం: స్థిరమైన ఇంధన భవిష్యత్తులో భూ ఉష్ణ పాత్ర, ఇతర పునరుత్పాతాలను పూరించడం

స్థిరమైన ఇంధన భవిష్యత్తును సృష్టించడానికి, మనం మన ఇంధన పోర్ట్ఫోలియోను వైవిధ్యపరచాలి. ఇది వివిధ రకాల పునరుత్పాదక ఇంధనాలను ఉపయోగించడం ద్వారా చేయవచ్చు, ఇవి శుద్ధమైనవి మరియు వాతావరణ మార్పును ఎదుర్కోవడంలో సహాయపడతాయి.

భూ ఉష్ణం ఒక ముఖ్యమైన పునరుత్పాదక ఇంధన వనరుగా పరిగణించబడుతుంది. ఇది భూమి యొక్క అంతర్గత ఉష్ణాన్ని ఉపయోగించి విద్యుత్తును ఉత్పత్తి చేయడానికి లేదా భవనాలను వేడి చేయడానికి మరియు చల్లబరచడానికి ఉపయోగించవచ్చు.

భూ ఉష్ణం యొక్క కొన్ని ప్రయోజనాలు:

- ఇది శుద్ధమైనది మరియు పునరుత్పాదకమైనది.

- ఇది వాతావరణ మార్పును ఎదుర్కోవడంలో సహాయపడుతుంది.

- ఇది చాలా నమ్మదగినది మరియు స్థిరమైనది.

భూ ఉష్ణం ఇతర పునరుత్పాత శక్తి వనరులను పూరించడంలో ముఖ్యమైన పాత్ర పోషించగలదు. ఉదాహరణకు, సౌరశక్తి మరియు పవనశక్తి రాత్రి లేదా వాతావరణం నిరోధించబడినప్పుడు ఉత్పత్తిని తగ్గించవచ్చు. భూ ఉష్ణం ఈ సమయాల్లో శక్తిని అందించడంలో సహాయపడుతుంది.

భూ ఉష్ణం యొక్క భవిష్యత్తు ప్రకాశవంతంగా ఉంది. శాస్త్రీయ పరిశోధన మరియు సాంకేతికతలో అభివృద్ధి భూ ఉష్ణాన్ని మరింత సరసమైన మరియు అందుబాటులో ఉంచుతుంది. ఈ పరిణామాలు భూ ఉష్ణాన్ని ప్రపంచవ్యాప్తంగా స్థిరమైన ఇంధన భవిష్యత్తులో ముఖ్యమైన భాగంగా మార్చగలవు.

భూ ఉష్ణ శక్తిని ప్రోత్సహించడానికి కొన్ని చర్యలు:

- భూ ఉష్ణం గురించి అవగాహన పెంపొందించండి.
- భూ ఉష్ణ శక్తి ప్రాజెక్టులకు మద్దతు ఇవ్వండి.
- భూ ఉష్ణ శక్తి గురించి మీ స్నేహితులు, కుటుంబం మరియు సమాజంతో మాట్లాడండి.

మనం అందరం కలిసి పనిచేస్తే, భూ ఉష్ణాన్ని స్థిరమైన ఇంధన భవిష్యత్తులో ఒక ముఖ్యమైన భాగంగా చేయవచ్చు.

గ్రిడ్ ఇంటిగ్రేషన్ & స్మార్ట్ సిస్టమ్స్: భూ ఉష్ణాన్ని ఇప్పటి గ్రిడ్లతో సమైక్యతం చేయడంలో సవాళ్లు, శక్తి నిల్వ ఉపాయాలు

భూ ఉష్ణం ఒక శుద్ధమైన, పునరుత్పాదక మరియు నమ్మదగిన శక్తి వనరు. ఇది విద్యుత్తును ఉత్పత్తి చేయడానికి, భవనాలను వేడి చేయడానికి మరియు చల్లబరచడానికి మరియు ఇతర ఉపయోగాల కోసం ఉపయోగించవచ్చు.

భూ ఉష్ణాన్ని ఇప్పటి గ్రిడ్లతో సమైక్యతం చేయడం కొన్ని సవాళ్లను కలిగి ఉంటుంది. ఈ సవాళ్లలో కొన్ని:

- భూ ఉష్ణం ఒక సరిగ్గా నియంత్రించబడే శక్తి వనరు కాదు. భూ ఉష్ణం భూమి యొక్క అంతర్గత ఉష్ణం నుండి వస్తుంది, ఇది మారుతూ ఉంటుంది. ఈ అనిశ్చితత గ్రిడ్ను నియంత్రించడం కష్టతరం చేస్తుంది.

- భూ ఉష్ణ ప్లాంట్లు తరచుగా గ్రిడ్లకు దూరంగా ఉంటాయి. ఇది భూ ఉష్ణాన్ని గ్రిడ్కు చేర్చడం ఖరీదైనది మరియు సవాలుగా చేస్తుంది.

- భూ ఉష్ణ ప్లాంట్లు సాధారణంగా చిన్నవిగా ఉంటాయి. ఇది వాటిని గ్రిడ్కు సమైక్యతం చేయడం కష్టతరం చేస్తుంది.

ఈ సవాళ్లను అధిగమించడానికి, భూ ఉష్ణ ప్లాంట్లను గ్రిడ్లకు సమీపంగా నిర్మించడం, శక్తి నిల్వ వ్యవస్థలను ఉపయోగించడం మరియు స్మార్ట్ గ్రిడ్లను అభివృద్ధి చేయడం వంటి అనేక పద్ధతులను ఉపయోగించవచ్చు.

శక్తి నిల్వ వ్యవస్థలు

భూ ఉష్ణాన్ని గ్రిడ్‌లతో సమైక్యతం చేయడంలో శక్తి నిల్వ వ్యవస్థలు ఒక ముఖ్యమైన పాత్ర పోషిస్తాయి. శక్తి నిల్వ వ్యవస్థలు భూ ఉష్ణ ప్లాంట్ల నుండి ఉత్పత్తి చేయబడిన శక్తిని నిల్వ చేయడానికి ఉపయోగించవచ్చు. ఈ శక్తిని భవిష్యత్తులో ఉపయోగించవచ్చు, ఇది భూ ఉష్ణం యొక్క అనిశ్చితతను తగ్గిస్తుంది.

స్మార్ట్ గ్రిడ్‌లు

స్మార్ట్ గ్రిడ్‌లు గ్రిడ్‌లను మరింత నమ్మదగినవి మరియు సమర్థవంతంగా చేయడానికి రూపొందించబడ్డాయి. స్మార్ట్ గ్రిడ్‌లు వినియోగదారులకు మరియు ఉత్పత్తిదారులకు వారి శక్తి వినియోగాన్ని నియంత్రించడానికి మరియు అప్‌లోడ్ చేయడానికి అనుమతిస్తాయి. ఇది భూ ఉష్ణాన్ని గ్రిడ్‌లతో సమైక్యతం చేయడం మరింత సులభతరం చేస్తుంది.

నెట్-జీరో ఉద్గారాలకు రోడ్‌మ్యాప్: కార్బన్‌రహిత లక్ష్యాలకు భూ ఉష్ణ యోగదానం, శుభ్రమైన ఇంధన భవిష్యత్తుకు మార్గం

వాతావరణ మార్పును ఎదుర్కోవడానికి, మనం 2050 నాటికి నెట్-జీరో ఉద్గారాలకు చేరుకోవాలి. ఈ లక్ష్యాన్ని సాధించడానికి, మనం శుభ్రమైన ఇంధన వనరులపై మన ఆధారాన్ని పెంచుకోవాలి.

భూ ఉష్ణం ఒక ముఖ్యమైన శుభ్రమైన ఇంధన వనరు. ఇది భూమి యొక్క అంతర్గత ఉష్ణాన్ని ఉపయోగించి విద్యుత్తును ఉత్పత్తి చేయడానికి లేదా భవనాలను వేడి చేయడానికి మరియు చల్లబరచడానికి ఉపయోగించవచ్చు.

భూ ఉష్ణం కార్బన్‌రహిత లక్ష్యాలకు ఎలా సహాయపడుతుంది?

భూ ఉష్ణం శుద్ధమైన, పునరుత్పాదక మరియు నమ్మదగిన శక్తి వనరు. ఇది భూమి యొక్క అంతర్గత ఉష్ణం నుండి వస్తుంది, ఇది పునరుత్పత్తి చేయబడుతుంది మరియు కార్బన్ డయాక్సైడ్‌ను ఉత్పత్తి చేయదు.

భూ ఉష్ణాన్ని ఉపయోగించి, మనం శిలాజ ఇంధనాలపై మన ఆధారాన్ని తగ్గించవచ్చు మరియు వాతావరణ మార్పును ఎదుర్కోవడానికి మన ప్రయత్నాలకు సహాయపడవచ్చు.

భూ ఉష్ణం శుభ్రమైన ఇంధన భవిష్యత్తుకు ఒక ముఖ్యమైన భాగంగా ఉంటుంది. ఇది విద్యుత్తు, భవనాల హీటింగ్ మరియు కుళ్ళిపోయే ఉపయోగాలకు ఒక ఆకర్షణీయమైన ఎంపిక.

భూ ఉష్ణాన్ని ఎలా మరింత విస్తృతంగా ఉపయోగించవచ్చు?

భూ ఉష్ణాన్ని మరింత విస్తృతంగా ఉపయోగించడానికి, మనం క్రింది వాటిపై దృష్టి పెట్టాలి:

- భూ ఉష్ణం యొక్క సామర్థ్యాన్ని మెరుగుపరచడం. శాస్త్రీయ పరిశోధన మరియు సాంకేతిక అభివృద్ధి భూ ఉష్ణాన్ని మరింత సమర్థవంతంగా మరియు అందుబాటులో ఉంచడంలో సహాయపడుతుంది.

- భూ ఉష్ణ ప్లాంట్లకు ప్రోత్సాహం ఇవ్వడం. ప్రభుత్వాలు మరియు ప్రైవేట్ పెట్టుబడిదారులు భూ ఉష్ణ ప్లాంట్లను నిర్మించడానికి మరియు మెరుగుపరచడానికి ఆర్థిక మద్దతును అందించాలి.

- భూ ఉష్ణం గురించి అవగాహన పెంచడం. భూ ఉష్ణం యొక్క ప్రయోజనాల గురించి ప్రజలకు అవగాహన కల్పించడం ద్వారా, మనం దీనిని మరింత విస్తృతంగా ఉపయోగించడానికి ప్రోత్సహించవచ్చు.

స్థిరమైన భవిష్యత్తు కోసం గ్లోబల్ ప్రయత్నం: అంతర్జాతీయ సహకారం, జ్ఞానం భాగస్వామ్యం, గ్లోబల్‌గా భూ ఉష్ణాన్ని పెంచడం

స్థిరమైన భవిష్యత్తును సృష్టించడం అనేది ప్రపంచవ్యాప్త సవాలు. ఇది వాతావరణ మార్పును ఎదుర్కోవడం, శక్తిని సమర్థవంతంగా ఉపయోగించడం మరియు పర్యావరణాన్ని రక్షించడం వంటి అనేక అంశాలను కలిగి ఉంటుంది.

ఈ సవాలును అధిగమించడానికి, అంతర్జాతీయ సహకారం అవసరం. ప్రపంచవ్యాప్తంగా దేశాలు కలిసి పనిచేయాలి, వారి జ్ఞానం మరియు సామర్థ్యాలను పంచుకోవాలి.

అంతర్జాతీయ సహకారం యొక్క ప్రాముఖ్యత

అంతర్జాతీయ సహకారం స్థిరమైన భవిష్యత్తును సాధించడంలో చాలా ముఖ్యమైనది. ఇది క్రింది వాటిని సాధించడంలో సహాయపడుతుంది:

- వాతావరణ మార్పును ఎదుర్కోవడం: వాతావరణ మార్పు అనేది ప్రపంచవ్యాప్త సమస్య, దీనిని ఒకే దేశం ఒంటరిగా పరిష్కరించలేదు. అంతర్జాతీయ సహకారంతో, దేశాలు వాతావరణ మార్పును ఎదుర్కోవడానికి కలిసి పనిచేయగలవు.

- శక్తిని సమర్థవంతంగా ఉపయోగించడం: శక్తి వినియోగం పెరుగుతున్నప్పుడు, శక్తిని సమర్థవంతంగా ఉపయోగించడం ముఖ్యం. అంతర్జాతీయ సహకారంతో, దేశాలు శక్తి సామర్థ్యాన్ని పెంచడానికి మరియు శక్తి వినియోగాన్ని తగ్గించడానికి కలిసి పనిచేయగలవు.

- పర్యావరణాన్ని రక్షించడం: పర్యావరణాన్ని రక్షించడం మనందరి బాధ్యత. అంతర్జాతీయ సహకారంతో, దేశాలు పర్యావరణాన్ని రక్షించడానికి కలిసి పనిచేయగలవు.

జ్ఞానం భాగస్వామ్యం

అంతర్జాతీయ సహకారం జ్ఞానం భాగస్వామ్యాన్ని కూడా కలిగి ఉంటుంది. ప్రపంచవ్యాప్తంగా దేశాలు వివిధ రకాల జ్ఞానాన్ని కలిగి ఉన్నాయి. ఈ జ్ఞానాన్ని పంచుకోవడం ద్వారా, దేశాలు స్థిరమైన భవిష్యత్తును సాధించడానికి మరింత ప్రభావవంతంగా పనిచేయగలవు.

భూ ఉష్ణాన్ని పెంచడం

భూ ఉష్ణం ఒక ముఖ్యమైన పునరుత్పాదక శక్తి వనరు. ఇది భూమి యొక్క అంతర్గత ఉష్ణాన్ని ఉపయోగించి విద్యుత్తును ఉత్పత్తి చేయడానికి లేదా భవనాలను వేడి చేయడానికి మరియు చల్లబరచడానికి ఉపయోగించవచ్చు.

Chapter 7: DIY Geothermal Experiments & Activities

అధ్యాయం 7 : DIY భూ ఉష్ణ ప్రయోగాలు & కార్యకలాపాలు

భూ ఉష్ణ శక్తిని అనుకరించడం: భూ ఉష్ణ విద్యుత్ కేంద్రాల యొక్క సాధారణ నమూనాలను నిర్మించడం, విద్యార్థుల కోసం చేతిపనులు కార్యకలాపాలు

భూ ఉష్ణ శక్తి అనేది భూమి యొక్క అంతర్గత ఉష్ణాన్ని ఉపయోగించే ఒక పునరుత్పాదక శక్తి వనరు. ఇది విద్యుత్తును ఉత్పత్తి చేయడానికి, భవనాలను వేడి చేయడానికి మరియు చల్లబరచడానికి మరియు ఇతర ఉపయోగాలకు ఉపయోగించవచ్చు.

భూ ఉష్ణ శక్తిని ఎలా పని చేస్తుందో అర్థం చేసుకోవడానికి ఒక మంచి మార్గం ఏమిటంటే, దాని యొక్క సాధారణ నమూనాను నిర్మించడం. ఈ నమూనాలు విద్యార్థులకు భూ ఉష్ణ శక్తి యొక్క ప్రాథమిక సూత్రాలను అర్థం చేసుకోవడంలో సహాయపడతాయి.

విద్యార్థుల కోసం చేతిపనులు కార్యకలాపాలు

విద్యార్థుల కోసం భూ ఉష్ణ శక్తి యొక్క సాధారణ నమూనాలను నిర్మించడానికి అనేక చేతిపనులు కార్యకలాపాలు అందుబాటులో ఉన్నాయి. ఈ కార్యకలాపాలు వివిధ వయస్సుల విద్యార్థులకు సరిపోతాయి మరియు విద్యార్థులకు

భూ ఉష్ణ శక్తి యొక్క ప్రాథమిక సూత్రాలను అర్థం చేసుకోవడంలో సహాయపడతాయి.

ఒక సాధారణ కార్యకలాపం

ఒక సాధారణ కార్యకలాపంలో, విద్యార్థులు ఒక ప్లాస్టిక్ బాటిల్, ఒక గ్లాస్ నీరు మరియు ఒక లెడ్ బిందువును ఉపయోగిస్తారు. బాటిల్‌ను నీటితో నింపండి మరియు దానిని ఒక గ్లాస్‌లో ఉంచండి. లెడ్ బిందువును బాటిల్ యొక్క దిగువన ఉంచండి.

బాటిల్‌లోని నీరు భూమి యొక్క అంతర్గత ఉష్ణాన్ని గ్రహించి, బాటిల్‌లోని గాలిని వేడి చేస్తుంది. వేడి గాలి బాటిల్ యొక్క మూత గుండా బయటకు వెళుతుంది. లెడ్ బిందువు బాటిల్ యొక్క అంచు వద్ద ఉంటుంది, ఎందుకంటే గాలి బాటిల్ నుండి బయటకు వెళుతుంది.

ఈ కార్యకలాపం విద్యార్థులకు భూ ఉష్ణ శక్తి ఎలా పని చేస్తుందో అర్థం చేసుకోవడంలో సహాయపడుతుంది. భూమి యొక్క అంతర్గత ఉష్ణం నీటిని వేడి చేస్తుంది, నీరు గాలిని వేడి చేస్తుంది మరియు గాలి బాటిల్ నుండి బయటకు వెళుతుంది.

మీ స్థానిక భూ ఉష్ణ సామర్థ్యాన్ని అన్వేషించడం: స్థానిక వనరులను పరిశోధించడం, భూ ఉష్ణ ప్రదేశాలను సందర్శించడం, ప్రాంతీయ సామర్థ్యాన్ని అర్థం చేసుకోవడం

భూ ఉష్ణం అనేది భూమి యొక్క అంతర్గత ఉష్ణాన్ని ఉపయోగించే ఒక పునరుత్పాదక శక్తి వనరు. ఇది విద్యుత్తును ఉత్పత్తి చేయడానికి, భవనాలను వేడి చేయడానికి మరియు చల్లబరచడానికి మరియు ఇతర ఉపయోగాలకు ఉపయోగించవచ్చు.

మీ స్థానిక భూ ఉష్ణ సామర్థ్యాన్ని అన్వేషించడం అనేది మీ ప్రాంతంలో భూ ఉష్ణ శక్తిని ఉపయోగించడానికి అవకాశాలు ఉన్నాయో లేదో నిర్ణయించడంలో సహాయపడుతుంది. మీరు ఈ క్రింది దశలను అనుసరించవచ్చు:

1. స్థానిక వనరులను పరిశోధించండి

మొదట, మీ ప్రాంతంలో భూ ఉష్ణ వనరులు ఉన్నాయో లేదో తెలుసుకోవడం ముఖ్యం. మీరు ఈ క్రింది వనరులను ఉపయోగించవచ్చు:

- భూ ఉష్ణ శక్తి సమాచార సంస్థలు: భూ ఉష్ణ శక్తి సమాచార సంస్థలు మీ ప్రాంతంలోని భూ ఉష్ణ సామర్థ్యం గురించి సమాచారాన్ని అందిస్తాయి.

- మీ ప్రభుత్వం: మీ ప్రభుత్వం భూ ఉష్ణ శక్తిపై సమాచారాన్ని అందించవచ్చు.

- భూ ఉష్ణ శక్తి పరిశోధన సంస్థలు: భూ ఉష్ణ శక్తి పరిశోధన సంస్థలు మీ ప్రాంతంలోని భూ ఉష్ణ సామర్థ్యం గురించి సమాచారాన్ని అందించవచ్చు.

2. భూ ఉష్ణ ప్రదేశాలను సందర్శించండి

మీ ప్రాంతంలో భూ ఉష్ణ శక్తి ప్రదేశాలు ఉన్నాయో లేదో తెలుసుకోవడానికి, మీరు వాటిని సందర్శించవచ్చు. ఈ ప్రదేశాలు విద్యుత్తు ఉత్పత్తి చేయడానికి లేదా భవనాలను వేడి చేయడానికి లేదా చల్లబరచడానికి భూ ఉష్ణాన్ని ఉపయోగించవచ్చు.

3. ప్రాంతీయ సామర్థ్యాన్ని అర్థం చేసుకోండి

మీ ప్రాంతంలో భూ ఉష్ణ శక్తి యొక్క సామర్థ్యాన్ని అర్థం చేసుకోవడానికి, మీరు ప్రాంతీయ సామర్థ్య అంచనాలను చూడవచ్చు. ఈ అంచనాలు మీ ప్రాంతంలోని భూ ఉష్ణ వనరుల నుండి ఉత్పత్తి చేయగలిగే శక్తిని అంచనా వేస్తాయి.

భూ ఉష్ణ కళ & రూపకల్పన: సృజనాత్మక ప్రాజెక్టుల ద్వారా భూ ఉష్ణ శక్తి యొక్క శక్తిని ప్రదర్శించడం, కళ ద్వారా అవగాహన పెంపొందించడం

భూ ఉష్ణ శక్తి అనేది భూమి యొక్క అంతర్గత ఉష్ణాన్ని ఉపయోగించే ఒక పునరుత్పాదక శక్తి వనరు. ఇది విద్యుత్తును ఉత్పత్తి చేయడానికి, భవనాలను వేడి చేయడానికి మరియు చల్లబరచడానికి మరియు ఇతర ఉపయోగాలకు ఉపయోగించవచ్చు.

భూ ఉష్ణ శక్తి యొక్క శక్తి మరియు ప్రాముఖ్యతను ప్రజలకు తెలియజేయడానికి, కళ మరియు రూపకల్పనను ఉపయోగించవచ్చు. సృజనాత్మక ప్రాజెక్టుల ద్వారా, భూ ఉష్ణ శక్తిని ఒక అందమైన మరియు ఆకర్షణీయమైన సాంకేతికతగా చూపించవచ్చు.

భూ ఉష్ణ కళ & రూపకల్పన యొక్క కొన్ని ఉదాహరణలు:

- భూ ఉష్ణ శక్తి ప్లాంట్లను ప్రదర్శించే శిల్పాలు లేదా చిత్రాలు. ఈ ప్రాజెక్టులు భూ ఉష్ణ శక్తి యొక్క పనితీరు మరియు మౌలిక అంశాలను వివరించవచ్చు.

- భూ ఉష్ణ శక్తిని ఉపయోగించే భవనాలను ప్రదర్శించే రూపకల్పనలు. ఈ ప్రాజెక్టులు భూ ఉష్ణ శక్తి ఎలా భవనాలను వేడి చేయడానికి మరియు చల్లబరచడానికి ఉపయోగించబడుతుందో చూపించవచ్చు.

- భూ ఉష్ణ శక్తి యొక్క ప్రాముఖ్యతను ప్రచారం చేయడానికి ఉద్దేశించిన కళా ప్రదర్శనలు లేదా కార్యక్రమాలు. ఈ ప్రాజెక్టులు భూ ఉష్ణ శక్తి యొక్క శక్తి మరియు ప్రయోజనాల గురించి ప్రజలకు అవగాహన పెంచడంలో సహాయపడతాయి.

భూ ఉష్ణ కళ & రూపకల్పన యొక్క ప్రయోజనాలు:

- ప్రజలకు భూ ఉష్ణ శక్తి గురించి అవగాహన పెంచడంలో సహాయపడుతుంది.
- భూ ఉష్ణ శక్తిని ఒక ఆకర్షణీయమైన మరియు సృజనాత్మక సాంకేతికతగా చూపిస్తుంది.
- భూ ఉష్ణ శక్తి యొక్క ఉపయోగాన్ని ప్రోత్సహిస్తుంది.

భూ ఉష్ణ శక్తి అనేది ఒక ముఖ్యమైన పునరుత్పాదక శక్తి వనరు. భూ ఉష్ణ కళ & రూపకల్పన ద్వారా, ఈ శక్తి వనరు యొక్క శక్తి మరియు ప్రాముఖ్యతను ప్రజలకు తెలియజేయడంలో మరియు దాని ఉపయోగాన్ని ప్రోత్సహించడంలో సహాయపడవచ్చు.

భూ ఉష్ణ కమ్యూనిటీలు & చర్య: స్థానిక భాగస్వాములతో కనెక్ట్ అవ్వడం, న్యాయవాదిత్వ ప్రాజెక్టులలో పాల్గొనడం, భూ ఉష్ణ పరిష్కారాలను ప్రోత్సహించడం

భూ ఉష్ణ శక్తి అనేది ఒక ముఖ్యమైన పునరుత్పాదక శక్తి వనరు. భూ ఉష్ణ శక్తిని ప్రోత్సహించడానికి మరియు దాని ఉపయోగాన్ని పెంచడానికి, భూ ఉష్ణ కమ్యూనిటీలు మరియు చర్యలు చాలా ముఖ్యం.

స్థానిక భాగస్వాములతో కనెక్ట్ అవ్వడం

భూ ఉష్ణ శక్తిని ప్రోత్సహించడానికి, మొదట స్థానిక భాగస్వాములతో కనెక్ట్ అవ్వడం ముఖ్యం. ఈ భాగస్వాములు ప్రభుత్వం, పారిశ్రామికవేత్తలు, విద్యాసంస్థలు మరియు ఇతర సంస్థలను కలిగి ఉండవచ్చు. ఈ భాగస్వాములతో కలిసి పనిచేయడం ద్వారా, భూ ఉష్ణ శక్తి గురించి అవగాహన పెంచడానికి మరియు దాని ఉపయోగాన్ని ప్రోత్సహించడానికి మరింత సమర్థవంతంగా పని చేయవచ్చు.

న్యాయవాదిత్వ ప్రాజెక్టులలో పాల్గొనడం

భూ ఉష్ణ శక్తిని ప్రోత్సహించడానికి మరొక మార్గం న్యాయవాదిత్వ ప్రాజెక్టులలో పాల్గొనడం. ఈ ప్రాజెక్టులు భూ ఉష్ణ శక్తిని ప్రోత్సహించే చట్టాలు లేదా విధానాలను అభివృద్ధి చేయడానికి లేదా అమలు చేయడానికి రూపొందించబడ్డాయి.

భూ ఉష్ణ పరిష్కారాలను ప్రోత్సహించడం

చివరగా, భూ ఉష్ణ పరిష్కారాలను ప్రోత్సహించడం ద్వారా భూ ఉష్ణ శక్తిని ప్రోత్సహించవచ్చు. ఈ పరిష్కారాల గురించి

ప్రజలకు అవగాహన పెంచడానికి మరియు వాటిని ఉపయోగించడానికి ప్రోత్సహించడానికి వివిధ రకాల ప్రచార చర్యలను చేపట్టవచ్చు.

భూ ఉష్ణ కమ్యూనిటీలు & చర్యల యొక్క ప్రయోజనాలు:

- భూ ఉష్ణ శక్తి గురించి అవగాహన పెంచడంలో సహాయపడుతుంది.

- భూ ఉష్ణ శక్తి యొక్క ఉపయోగాన్ని ప్రోత్సహిస్తుంది.

- భూ ఉష్ణ శక్తి పరిశ్రమను అభివృద్ధి చేయడంలో సహాయపడుతుంది.

భూ ఉష్ణ శక్తి అనేది ఒక శక్తివంతమైన పునరుత్పాదక శక్తి వనరు. భూ ఉష్ణ కమ్యూనిటీలు & చర్యల ద్వారా, ఈ శక్తి వనరు యొక్క శక్తి మరియు ప్రాముఖ్యతను ప్రజలకు తెలియజేయడంలో మరియు దాని ఉపయోగాన్ని ప్రోత్సహించడంలో సహాయపడవచ్చు.

Chapter 8: The Future is Geothermal: A Student's Call to Action

అధ్యాయం 8: భవిష్యత్తు భూ ఉష్ణం: విద్యార్థుల పిలుపు

ఇంధన భవిష్యత్తును రూపొందించడంలో మీ పాత్ర: విద్యార్థులు మార్పు కారకులుగా, శుభ్రమైన ఇంధన విధానాలకు మద్దతు ఇవ్వడం, భూ ఉష్ణ కార్యక్రమాలకు మద్దతు ఇవ్వడం

ప్రపంచం ఒక మార్పులో ఉంది. వాతావరణ మార్పు అనేది ఒక నిజమైన సవాలు, మరియు దానిని ఎదుర్కోవడానికి మనం అన్ని వర్గాల మరియు వయసుల ప్రజలను కలిసి పనిచేయాలి. విద్యార్థులు మార్పు కారకులుగా ఒక ముఖ్యమైన పాత్ర పోషించగలరు.

విద్యార్థులు మార్పు కారకులుగా

విద్యార్థులు భవిష్యత్తు. వారు వారి సంఘాలలో మరియు ప్రపంచవ్యాప్తంగా మార్పును ప్రోత్సహించడానికి శక్తివంతమైన సామర్థ్యాన్ని కలిగి ఉన్నారు.

విద్యార్థులు శుభ్రమైన ఇంధనాల గురించి అవగాహన పెంచడానికి మరియు మద్దతు ఇవ్వడానికి వివిధ పనులను చేయవచ్చు. వారు:

- శుభ్రమైన ఇంధనాల గురించి చదువుకోవడం మరియు వాటి ప్రయోజనాల గురించి తెలుసుకోవడం.

- శుభ్రమైన ఇంధన విధానాలను ప్రోత్సహించడానికి ప్రచారం చేయడం.

- శుభ్రమైన ఇంధనాలను ఉపయోగించే సంస్థలు లేదా ప్రాజెక్ట్ లకు సహాయం చేయడం.

శుభ్రమైన ఇంధన విధానాలకు మద్దతు ఇవ్వడం

విద్యార్థులు తమ ప్రభుత్వాలు మరియు ప్రజా ప్రతినిధులను శుభ్రమైన ఇంధనాలను ప్రోత్సహించే విధానాలను అమలు చేయడానికి ప్రోత్సహించడానికి సహాయపడవచ్చు. వారు:

- శుభ్రమైన ఇంధన విధానాలను ప్రోత్సహించే ప్రభుత్వ అధికారులను కలవడం లేదా లేఖలు రాయడం.

- శుభ్రమైన ఇంధన విధానాలను ప్రోత్సహించడానికి ప్రచార కార్యక్రమాలలో పాల్గొనడం.

- శుభ్రమైన ఇంధన విధానాలకు మద్దతు ఇచ్చే సమూహాలకు మద్దతు ఇవ్వడం.

భూ ఉష్ణ కార్యక్రమాలకు మద్దతు ఇవ్వడం

భూ ఉష్ణ శక్తి అనేది ఒక శక్తివంతమైన పునరుత్పాదక శక్తి వనరు. ఇది విద్యుత్తును ఉత్పత్తి చేయడానికి, భవనాలను వేడి చేయడానికి మరియు చల్లబరచడానికి మరియు ఇతర ఉపయోగాలకు ఉపయోగించవచ్చు.

విద్యార్థులు భూ ఉష్ణ కార్యక్రమాలను ప్రోత్సహించడానికి వివిధ పనులను చేయవచ్చు. వారు:

- భూ ఉష్ణ శక్తి గురించి చదువుకోవడం మరియు దాని ప్రయోజనాల గురించి తెలుసుకోవడం.

భూ ఉష్ణ వృత్తులు & అవకాశాలు: భూ ఉష్ణ పరిశోధన, ఇంజనీరింగ్, విధానం మరియు విద్యలో వృత్తులను అన్వేషించడం

భూ ఉష్ణ శక్తి అనేది ఒక శక్తివంతమైన పునరుత్పాదక శక్తి వనరు. ఇది విద్యుత్తును ఉత్పత్తి చేయడానికి, భవనాలను వేడి చేయడానికి మరియు చల్లబరచడానికి మరియు ఇతర ఉపయోగాలకు ఉపయోగించవచ్చు. భూ ఉష్ణ శక్తి పరిశ్రమ వేగంగా పెరుగుతోంది, మరియు అనేక రకాల వృత్తులు అందుబాటులో ఉన్నాయి.

భూ ఉష్ణ పరిశోధన

భూ ఉష్ణ శక్తి యొక్క సామర్ధ్యాన్ని మరింత అర్థం చేసుకోవడానికి మరియు మెరుగుపరచడానికి భూ ఉష్ణ పరిశోధకులు పని చేస్తారు. వారు భూ ఉష్ణ వనరులను గుర్తించడం, భూ ఉష్ణ శక్తిని ఉత్పత్తి చేసే మరియు ఉపయోగించే మార్గాలను అభివృద్ధి చేయడం మరియు భూ ఉష్ణ శక్తి యొక్క పర్యావరణ ప్రభావాలను అంచనా వేయడం వంటి పనులపై పని చేస్తారు.

భూ ఉష్ణ పరిశోధకులకు సాధారణంగా భౌతిక శాస్త్రం, గణితం లేదా ఇంజనీరింగ్‌లో బ్యాచిలర్ డిగ్రీ అవసరం. కొన్ని పోస్ట్ గ్రాడ్యుయేట్ అధ్యయనం కూడా ఉపయోగకరంగా ఉంటుంది.

భూ ఉష్ణ ఇంజనీరింగ్

భూ ఉష్ణ ఇంజనీర్లు భూ ఉష్ణ శక్తిని ఉత్పత్తి చేయడానికి మరియు ఉపయోగించడానికి అవసరమైన వ్యవస్థలను

రూపొందించడం, నిర్మించడం మరియు నిర్వహించడంపై దృష్టి పెడతారు. వారు భూ ఉష్ణ వనరులను గుర్తించడం, భూ ఉష్ణ శక్తి ఉత్పత్తి కేంద్రాలను రూపొందించడం మరియు భవనాలను భూ ఉష్ణ శక్తితో వేడి చేయడానికి లేదా చల్లబరచడానికి అవసరమైన వ్యవస్థలను రూపొందించడం వంటి పనులపై పని చేస్తారు.

భూ ఉష్ణ ఇంజనీర్లకు సాధారణంగా భౌతిక శాస్త్రం, గణితం లేదా ఇంజనీరింగ్‌లో బ్యాచిలర్ డిగ్రీ అవసరం. కొన్ని పోస్ట్ గ్రాడ్యుయేట్ అధ్యయనం కూడా ఉపయోగకరంగా ఉంటుంది.

భూ ఉష్ణ విధానం

భూ ఉష్ణ విధానం అనేది భూ ఉష్ణ శక్తిని ప్రోత్సహించడానికి మరియు అభివృద్ధి చేయడానికి దృష్టి పెట్టే రంగం.

భూ ఉష్ణ విద్య & అవగాహన: భూ ఉష్ణ శక్తి గురించి జ్ఞానాన్ని వ్యాప్తి చేయడం, స్థిరమైన ఇంధన భవిష్యత్తును నిర్మించడం

భూ ఉష్ణ శక్తి అనేది ఒక శక్తివంతమైన పునరుత్పాదక శక్తి వనరు. ఇది విద్యుత్తును ఉత్పత్తి చేయడానికి, భవనాలను వేడి చేయడానికి మరియు చల్లబరచడానికి మరియు ఇతర ఉపయోగాలకు ఉపయోగించవచ్చు. భూ ఉష్ణ శక్తి యొక్క ప్రయోజనాలు చాలా ఉన్నాయి, ఇందులో:

ఇది శుభ్రమైన మరియు సురక్షితమైన శక్తివనరు.

ఇది కాలుష్యాన్ని తగ్గించడంలో సహాయపడుతుంది.

ఇది స్థిరమైన ఇంధన భవిష్యత్తుకు దోహదపడుతుంది.

భూ ఉష్ణ శక్తి గురించి ప్రజలకు అవగాహన పెంచడం చాలా ముఖ్యం. భూ ఉష్ణ శక్తి యొక్క ప్రయోజనాల గురించి ప్రజలు తెలుసుకుంటే, వారు దాన్ని ఉపయోగించడానికి మరింత అవకాశం ఉంది.

భూ ఉష్ణ విద్య మరియు అవగాహనను ప్రోత్సహించడానికి అనేక మార్గాలు ఉన్నాయి. వాటిలో కొన్ని:

పాఠశాలలు మరియు కళాశాలల్లో భూ ఉష్ణ శక్తి గురించి పాఠాలు మరియు కార్యక్రమాలను అందించడం.

సమాచార ప్రచారం మరియు అవగాహన పెంచడానికి మీడియాను ఉపయోగించడం.

భూ ఉష్ణ శక్తి గురించి సమావేశాలు మరియు కార్యక్రమాలను నిర్వహించడం.

భూ ఉష్ణ విద్య మరియు అవగాహనను ప్రోత్సహించడం ద్వారా, మనం భూ ఉష్ణ శక్తి యొక్క ప్రయోజనాలను మరింత మందికి చేరుకోవడంలో సహాయపడవచ్చు. ఇది స్థిరమైన ఇంధన భవిష్యత్తును నిర్మించడంలో సహాయపడుతుంది.

భూ ఉష్ణ శక్తి విద్య మరియు అవగాహన యొక్క కొన్ని ప్రత్యేక ప్రయోజనాలు:

ఇది భూ ఉష్ణ శక్తి పరిశ్రమను అభివృద్ధి చేయడంలో సహాయపడుతుంది.

ఇది భూ ఉష్ణ శక్తి యొక్క పోటీతత్వాన్ని పెంచడంలో సహాయపడుతుంది.

ఇది భూ ఉష్ణ శక్తి యొక్క సామాజిక మరియు పర్యావరణ ప్రయోజనాలను ప్రజలకు తెలియజేస్తుంది.

భూ ఉష్ణ శక్తి ఒక శక్తివంతమైన పునరుత్పాదక శక్తి వనరు. భూ ఉష్ణ విద్య మరియు అవగాహన ద్వారా, మనం దీన్ని మరింత

మందికి అందుబాటులోకి తీసుకురావడంలో మరియు స్థిరమైన ఇంధన భవిష్యత్తును నిర్మించడంలో సహాయపడవచ్చు.

రేపటి భూ ఉష్ణ దృష్టి: శుభ్రమైన, పునరుత్పాత ఇంధనంతో నడిచే ప్రపంచాన్ని ఊహించడం, మరియు ఆ భవిష్యత్తులో భూ ఉష్ణ పాత్ర.

వాతావరణ మార్పు అనేది మన ప్రపంచం ఎదుర్కొంటున్న అత్యంత ముఖ్యమైన సవాళ్లలో ఒకటి. దీనికి మనం సహాయం చేయడానికి ఒక మార్గం శుభ్రమైన, పునరుత్పాత ఇంధనాలపై మన ఆధారపడటాన్ని పెంచడం.

భూ ఉష్ణ శక్తి అనేది ఒక శక్తివంతమైన పునరుత్పాదక శక్తి వనరు. ఇది భూమి యొక్క అంతర్గత ఉష్ణాన్ని ఉపయోగించి విద్యుత్తును ఉత్పత్తి చేయడానికి లేదా భవనాలను వేడి చేయడానికి లేదా చల్లబరచడానికి ఉపయోగించవచ్చు.

భూ ఉష్ణ శక్తి యొక్క కొన్ని ప్రయోజనాలు:

- ఇది శుభ్రమైన మరియు సురక్షితమైన శక్తి వనరు.
- ఇది కాలుష్యాన్ని తగ్గించడంలో సహాయపడుతుంది.
- ఇది స్థిరమైన ఇంధన భవిష్యత్తుకు దోహదపడుతుంది.

రేపటి భూ ఉష్ణ దృష్టిలో, భూ ఉష్ణ శక్తి ఒక ప్రధాన శక్తి వనరుగా మారవచ్చు. ఇది విద్యుత్తును ఉత్పత్తి చేయడానికి, భవనాలను వేడి చేయడానికి మరియు చల్లబరచడానికి మరియు ఇతర ఉపయోగాలకు ఉపయోగించబడుతుంది.

భూ ఉష్ణ శక్తి యొక్క భవిష్యత్తును ప్రభావితం చేయడానికి అనేక అంశాలు ఉన్నాయి. వాటిలో కొన్ని:

- సాంకేతికత అభివృద్ధి: భూ ఉష్ణ శక్తి సాంకేతికత మరింత సమర్థవంతంగా మరియు తక్కువ ఖరీదైనదిగా మారితే, ఇది మరింత ప్రజాదరణ పొందుతుంది.

- విధాన మద్దతు: ప్రభుత్వాలు భూ ఉష్ణ శక్తిని ప్రోత్సహించడానికి విధానాలను అమలు చేస్తే, ఇది పరిశ్రమను అభివృద్ధి చేయడంలో సహాయపడుతుంది.

- ప్రజా అవగాహన: ప్రజలు భూ ఉష్ణ శక్తి యొక్క ప్రయోజనాల గురించి తెలుసుకుంటే, వారు దీన్ని ఉపయోగించడానికి మరింత అవకాశం ఉంది.

ఈ అంశాలపై దృష్టి పెడితే, భూ ఉష్ణ శక్తి శుభ్రమైన, పునరుత్పాత ఇంధనంతో నడిచే భవిష్యత్తులో ముఖ్యమైన పాత్ర పోషించగలదు.

భూ ఉష్ణ శక్తి యొక్క కొన్ని నిర్దిష్ట అనువర్తనాలు:

- విద్యుత్తు ఉత్పత్తి: భూ ఉష్ణ శక్తిని ఉపయోగించి విద్యుత్తును ఉత్పత్తి చేయడానికి భూ ఉష్ణ శక్తి కేంద్రాలు ఉపయోగించబడతాయి

9 788119 855469